物联网技术系列丛书

普通高等教育"十三五"应用型人才培养规划教材

LabVIEW 实用
程序设计

谢 箭 何小群 编 著

西南交通大学出版社

·成都·

图书在版编目（ＣＩＰ）数据

LabVIEW 实用程序设计 / 谢箭，何小群编著. 一成都：西南交通大学出版社，2017.5
（物联网技术系列丛书）
普通高等教育"十三五"应用型人才培养规划教材
ISBN 978-7-5643-5319-3

Ⅰ. ①L… Ⅱ. ①谢… ②何… Ⅲ. ①软件工具 – 程序设计 – 高等学校 – 教材 Ⅳ. ①TP311.56

中国版本图书馆 CIP 数据核字（2017）第 044972 号

物联网技术系列丛书
普通高等教育"十三五"应用型人才培养规划教材

LabVIEW 实用程序设计

谢 箭　何小群 / 编　著

责任编辑 / 黄庆斌
封面设计 / 何东琳设计工作室

西南交通大学出版社出版发行

（四川省成都市二环路北一段 111 号西南交通大学创新大厦 21 楼　610031）
发行部电话：028-87600564
网址：http://www.xnjdcbs.com
印刷：四川森林印务有限责任公司

成品尺寸　185 mm × 260 mm
印张　9.25　　字数　195 千
版次　2017 年 5 月第 1 版　　印次　2017 年 5 月第 1 次

书号　ISBN 978-7-5643-5319-3
定价　29.80 元

/序/
sequence

LabVIEW 是一种比较适合电子类工程师学习的编程工具，可用来开发测试测量、控制系统，尤其善于解决工业现场等场合的快速开发原型问题。

本书针对高等院校学生特点，以由简到难、逐步深入的原则对 LabVIEW 进行详细介绍，并加入了大量的视频和示例程序来帮助读者学习。本书从一门实际应用软件技术课程的角度，分析了 LabVIEW 的设计原理和方法，提取了程序设计的通用思想和设计模式，丰富了读者的实际程序开发知识。同时本书突出理论联系实际的特点，不仅满足于告诉读者怎么做，更重要的是启发读者自己去思考和实现程序。为了便于读者学习，本书配有相应资源包（视频、源代码），可到 http://www.xnjdcbs.com 或扫描封面二维码下载。

由于作者水平有限，加之时间仓促，书中难免存在不妥之处，还请读者批评指正，不吝赐教。

编 者
2016 年 12 月

/目录/
contents

1 LabVIEW 基本介绍和发展历史

LabVIEW 是一种程序开发环境，由美国国家仪器（NI）公司研制开发。它类似于 C 和 BASIC 开发环境，但与其他计算机语言的显著区别是：其他计算机语言都是采用基于文本的语言产生代码，而 LabVIEW 使用的是图形化编辑语言 G 编写程序，产生的程序是框图形式。LabVIEW 软件是 NI 设计平台的核心，也是开发测量或控制系统的理想选择。LabVIEW 开发环境集成了工程师和科学家快速构建各种应用所需的所有工具，旨在帮助工程师和科学家解决问题、提高生产力和不断创新。

1.1 LabVIEW 简介

1.1.1 什么是 LabVIEW

LabVIEW（Laboratory Virtual Instrument Engineering Workbench）是一种图形化的编程语言的开发环境。传统文本编程语言根据语句和指令的先后顺序决定程序执行顺序，而 LabVIEW 则采用数据流编程方式，程序框图中节点之间的数据流向决定了程序的执行顺序。它用图标表示函数，用连线表示数据流向。

与 C、BASIC 一样，LabVIEW 也是通用的编程系统，有一个完成任何编程任务的庞大函数库。LabVIEW 的函数库包括数据采集、GPIB、串口控制、数据分析、数据显示及数据存储，等等。LabVIEW 也有传统的程序调试工具，如设置断点、以动画方式显示数据及其子程序（子 VI）的结果、单步执行等，便于用户进行程序调试。

LabVIEW 提供很多外观与传统仪器（如示波器、万用表）类似的控件，用户可用来方便地创建用户界面。用户界面在 LabVIEW 中被称为前面板。使用图标和连线，可以通过编程对前面板上的对象进行控制。它广泛地被工业界、学术界和研究实验室所接受，视为一个标准的数据采集和仪器控制软件。LabVIEW 集成了与满足 GPIB、VXI、RS-232 和 RS-485 协议的硬件及数据采集卡通信的全部功能。它还内置了便于应用 TCP/IP、ActiveX 等软件标准的库函数。这是一个功能强大且灵活的软件。利用它可以方便地建立自己的虚拟仪器，其图形化的界面使得编程及使用过程都生动有趣。

图形化的程序语言，又称为"G"语言。使用这种语言编程时，基本上不写程序代码，取而代之的是流程图或框图。它尽可能利用了技术人员、科学家、工程师所熟悉的术语、图标和概念，因此，LabVIEW 是一个面向最终用户的工具。它可以增强用户构建自己的科学和工程系统的能力，提供了实现仪器编程和数据采集系统的便捷途径。使用它进行原理研究、设计、测试并实现仪器系统时，用户可以大大提高工作效率。

1.1.2 应用领域

LabVIEW 有很多优点，比较适合电子类工程师进行快速程序设计和开发，尤其是在某些特殊领域其特点尤其突出。

（1）测试测量：LabVIEW 最初就是为测试测量而设计的，因而测试测量也就是现在 LabVIEW 最广泛的应用领域。经过多年的发展，LabVIEW 在测试测量领域获得了广泛承认。至今，大多数主流的测试仪器、数据采集设备都拥有专门的 LabVIEW 驱动程序，使用 LabVIEW 可以非常便捷地控制这些硬件设备。同时，用户也可以十分方便地找到各种适用于测试测量领域的 LabVIEW 工具包。这些工具包几乎覆盖了用户所需的所有功能，用户在这些工具包的基础上再开发程序就容易多了。有时甚至于只需简单地调用几个工具包中的函数，就可以组成一个完整的测试测量应用程序。

（2）控制：控制与测试是两个相关度非常高的领域，从测试领域起家的 LabVIEW 自然而然地首先拓展至控制领域。LabVIEW 拥有专门用于控制领域的模块——LabVIEW DSC。除此之外，工业控制领域常用的设备、数据线等通常也都带有相应的 LabVIEW 驱动程序，使 LabVIEW 可以非常方便地编制各种控制程序。

（3）仿真：LabVIEW 包含了多种多样的数学运算函数，特别适合进行模拟、仿真、原型设计等工作。在设计机电设备之前，可以先在计算机上用 LabVIEW 搭建仿真原型，验证设计的合理性，找到潜在的问题。在高等教育领域，有时如果使用 LabVIEW 进行软件模拟，就可以达到同样的效果，使学生不致失去实践的机会。

（4）儿童教育：由于图形外观漂亮且容易吸引儿童的注意力，同时图形比文本更容易被儿童接受和理解，所以 LabVIEW 非常受少年儿童的欢迎。对于没有任何计算机知识的儿童而言，可以把 LabVIEW 理解成是一种特殊的"积木"，即把不同的原件搭在一起，就可以实现所需的功能。著名的可编程玩具"乐高积木"使用的就是 LabVIEW 编程语言。儿童经过短暂的指导就可以利用乐高积木提供的积木搭建成各种车辆模型、机器人等，再使用 LabVIEW 编写控制其运动和行为的程序。除了应用于玩具外，LabVIEW 还有专门用于中小学生教学使用的版本。

（5）快速开发：根据笔者参与的一些项目统计，完成一个功能类似的大型应用软件，熟练的 LabVIEW 程序员所需的开发时间，大概只是熟练的 C 程序员所需时间的 1/5。所以，如果项目开发时间紧张，应该优先考虑使用 LabVIEW，以缩短开发时间。

（6）跨平台：如果同一个程序需要运行于多个硬件设备之上，也可以优先考虑使用 LabVIEW。LabVIEW 具有良好的平台一致性。LabVIEW 的代码不需任何修改就可以运行在常见的三大台式机操作系统上，如 Windows、Mac OS 及 Linux。除此之外，LabVIEW 还支持各种实时操作系统和嵌入式设备，比如常见的 PDA、FPGA以及运行 VxWorks 和 PharLap 系统的 RT 设备。

1.1.3　LabVIEW 优势

LabVIEW 是专为工程师和科研人员设计的集成式开发环境。LabVIEW 的本质是一种图形化编程语言（G），采用的是数据流模型，而不是顺序文本代码行，用户能够根据思路以可视化的布局编写功能代码。这就意味着用户可以减少花在语句和语法的时间，而将更多的时间花在解决重要的问题上。通常，使用 LabVIEW 开发应用系统的速度比使用其他编程语言快 4 ~ 10 倍。这一惊人速度背后的原因在于 LabVIEW 易学易用。它所提供的工具使创建测试和测量应用变得更为轻松。

LabVIEW 的具体优势主要体现在以下几个方面：

1. 简化开发

使用直观的图形化编程语言，按照工程师脑中所想编程代码。

2. 无可比拟的硬件集成

可以采集任意总线上的任意测量硬件数据。

3. 自定义用户界面

使用易于拖放的控件快速开发用户界面，还以可视化方式开发程序。

4. 广泛的分析和信号处理 IP

开发数据分析和高级控制算法。

5. 为解决方案的各个组成部分选择合适的方法

在单个开发环境中集成图形化编程、基于文本的编程以及其他编程方法，可帮助用户高效构建自定义软件解决方案。

6. 部署软件至正确的硬件

无论是桌面 PC、工业计算机，还是嵌入式设备，均可将 LabVIEW 代码部署至正确的硬件，无需根据不同的终端重新编写代码。

7. 强大的多线程执行

通过固有的并行软件自动利用多核处理器提供的性能优势。

8. 记录和共享测量数据

以任意文件类型或报表格式保存、显示和共享测量结果。

9. 与 Microsoft Excel 和 Word 交互

能够将报表直接发送到 Microsoft 应用程序（如 Excel 和 Word），这可采用 ActiveX 或用于 Microsoft Office 的 NI LabVIEW 报表生成工具包，通过编程加以实现。报告生成工具包抽象化与 Excel 和 Word 交互的复杂性，可让您能着力设计实际报告元素。使用这些 VI，用户能轻松地将标题、表格和图形添加至 Microsoft 文档。还有，用户能在可接受 LabVIEW 调用的 Word 和 Excel 中创建模板，实现更加自动化和标准化的报告功能。

10. 关注数据，而非文件

LabVIEW 存储、管理与报告工具的设计便于抽象化细节以及文件 I/O 与报告的挑战，从而帮助用户关注数据的采集。借助针对工程数据的 TDMS 文件格式、针对传统文件的 DataPlugins、用于搜索的 NI DataFinder 和强大的报告工具，用户不必根据存储和报告的局限显示采集。当硬件速度加快而且存储更廉价时，LabVIEW 继续提供工具来帮助用户从自己收集的全部数据中获得最大利益。

11. 充分利用团队的专业

LabVIEW 系统设计软件为用户提供了重要的 I/O 访问、有用的 IP 和易用的图形化编程。它还可与第三方软件程序和函数库进行互操作，帮助用户重复利用工程团队已经开发好的代码以及使用其擅长的软件语言。LabVIEW 可集成多种语言，简化了与本地运行或在网络上运行的其他软件的通信，因而可帮助工程师利用所有可用的工具成功进行开发。

1.2 LabVIEW 的起源与发展历程

LabVIEW 的起源可以追溯到 20 世纪 70 年代，那时计算机测控系统在国防、航天等领域已经有了相当发展。PC 机出现以后，仪器级的计算机化成为可能，甚至在 Microsoft 公司的 Windows 诞生之前，NI 公司已经在 Macintosh 计算机上推出了 LabVIEW 2.0 以前的版本。对虚拟仪器和 LabVIEW 长期、系统、有效的研究开发使得 NI 公司成为业界公认的权威。目前 LabVIEW 的最新版本为 LabVIEW 2016，它为多线程功能添加了更多特性，这种特性在 1998 年的版本 5 中被初次引入。使用 LabVIEW 软件，用户可以借助于它提供的软件环境。该环境由于其数据流编程特性，LabVIEW Real-Time 工具对嵌入式平台开发的多核支持，以及自上而下的为多核而设计的软件层次，因此它是进行并行编程的首选。

自 LabVIEW 1.0 发布的 30 年来，LabVIEW 从未停止过创新的步伐。它不断地被改进、更新与扩展，使得它牢牢占据了自动化测试、测量领域的领先地位。LabVIEW 图形化开发方式已经改变了测试、测量和控制应用系统的开发。如今它仍然不断地扩张它的应用领域。

1.3 LabVIEW 2016 的新增特性

LabVIEW 2016 软件为用户提供了所需的工具来专注于需要解决的问题，同时提供了新的功能来帮助用户简化开发。使用通道连线这一个数据通信的新功能，只需通过一条连线即可在循环之间传输数据，无需使用队列。LabVIEW 64 位版本还新增了对五种附加工具的支持，可帮助用户在开发和调试应用时利用操作系统的所有内存。此外，新增的 500 多个仪器控制驱动程序，以及与 Linux 和 Eclipse 等开源平台更高的集成度，可让用户针对不同的任务使用正确的工具。

1. 选择、移动和调整对象大小的改进

LabVIEW 2016 的易用性改进包括对在前面板或程序框图上选择对象、移动对象和调整结构大小的改进。

（1）选择对象。选择对象时，被矩形选择框覆盖的区域将显示为灰色，并通过选取框突出显示被选中的对象。被选中的结构将显示深色背景，以示被选中。默认情况下，若在对象周围创建矩形选择框，必须包围整个结构或连线段的中点才能将其选中。如在创建矩形选择框时按空格键，矩形选择框接触到的任意对象均将被选中。如需恢复默认选择动作，请再次按空格键。

（2）移动对象。移动选中的对象时，整个选取区域将实时移动。结构等特定对象将自动重排或调整大小，以适应被选中对象的移动操作。

（3）调整结构大小。拖曳调节柄调整结构大小时，结构将实时放大或缩小，不再显示虚线边框。

2. 在并行代码段之间异步传输数据

在 LabVIEW 2016 中，可使用通道线在并行代码段之间传输数据。通道线为异步连线，可连接两段并行代码，而不强制规定执行顺序，因此不会在代码段之间创建数据依赖关系。

LabVIEW 提供了多种通道模板，每种模板表示不同的通信协议。用户可根据应用程序的通信需求选择模板。

如需创建通道线，首先应创建写入方端点，方法为：右键单击接线端或类型，选择"创建"/"通道写入方"。从写入方端点的通道接线端绘制通道线并创建读取方端点，方法为：右键单击通道线，选择"创建"/"通道读取方"。

写入方端点向通道写入数据，读取方端点从通道读取数据。通道线在代码段之间传输数据的方式与引用句柄或变量相同。但通道线所需的节点数少于引用句柄或变量，并且使用可见的连线直观表示数据传输。

3. 编程环境的改进

LabVIEW 2016 对 LabVIEW 编程环境进行了以下改进：

快速放置配置对话框包含前面板和程序框图对象快捷方式的默认列表。用户可使用快速放置配置对话框中的默认快捷方式，无需手动配置快捷方式。

快速放置配置对话框还在前面板和程序框图新增了下列选项：

（1）恢复默认前面板快捷方式/恢复默认程序框图快捷方式。将现有快捷方式列表替换为默认快捷方式列表。

（2）删除所有前面板快捷方式/删除所有程序框图快捷方式。从列表中删除所有快捷方式。

注：单击"恢复默认前面板快捷方式/恢复默认程序框图快捷方式"或"删除所有前面板快捷方式/删除所有程序框图快捷方式"后，必须单击"确定"才能应用改动。如需还原改动，单击"取消"。

4．新增和改动的 VI 和函数

LabVIEW 2016 包含下列新增和改动的 VI 和函数。

（1）高级文件选板中新增的 VI。

① 名称适用于多平台。使用此 VI 可检查文件名在 LabVIEW 支持的操作系统上的有效性。

② 在文件系统中显示。使用此 VI 可根据当前系统平台在（Windows）Windows Explorer、（OS X）Finder 或（Linux）文件系统浏览器中打开一个文件路径或目录。

③ 数据类型解析选板中新增了获取通道信息 VI。使用此 VI 可获取通道信息及传输数据类型。

④ 操作者框架选板中新增了"读取自动停止嵌套操作者数量"VI。使用此 VI 可返回未向调用方操作者发送"最近一次确认"消息的嵌套操作者的数量。此 VI 仅计算调用方操作者停止时可自动停止的嵌套操作者的数量。

元素同址操作结构中新增了"获取/替换变体属性"边框节点。该边框节点用于访问、修改一个或多个变体的属性，无需单独复制变体的属性进行操作。关于使用"获取/替换变体属性"边框节点创建高性能查找表的范例，见 NI 范例查找器或 labview\examples\ Performance\Variant Attribute Lookup Table 目录下的 "Variant Attribute Lookup Table.vi" 文件。

（2）LabVIEW 2016 中包含下列改动的 VI 和函数。

Windows 类似于用于 OS X 和 Linux 的 LabVIEW，对于所有用户创建的连接及内部连接，用于 Windows 的 LabVIEW 限制单个 LabVIEW 实例中的可用网络套接字上限为 1024。该改动将影响协议 VI 及用于 TCP、UDP、蓝牙和 IrDA 协议的函数。其他协议不受影响，例如：网络流、网络发布共享变量和 Web 服务。

部分数学与科学常量及 Express 数学与科学常量有了新的值。阿伏伽德罗常数、元电荷、重力常数、摩尔气体常数、普朗克常数和里德伯常数的值进行了更新，以匹配 CODATA 2014 提供的值。

5．新增和改动的类、属性、方法和事件

LabVIEW 2016 中新增或改动了下列类、属性、方法和事件。

（1）LabVIEW 2016 新增了"执行：高亮显示？"（类：VI）属性。此属性用于对 VI 的高亮显示执行过程设置进行读取或写入。必须启用 VI 脚本，才可使用该属性。不同于高亮显示执行过程？（类：顶层程序框图）属性，可以为重入 VI 的副本设置"执行：高亮显示？"属性。

（2）关于新功能及更改的完整列表、LabVIEW 各不同版本特有的升级与兼容性问题和升级指南见 LabVIEW 2016 升级说明。

（3）关于 LabVIEW 2016 的已知问题、部分已修正问题、其他兼容性问题和新增功能的相关信息，请参考 LabVIEW 目录下的"readme.html"文件。

2　LabVIEW 安装和开发环境介绍

本章从 LabVIEW 2016 对计算机性能的要求和安装开始，使读者了解 LabVIEW 2016 的编程环境，帮助初学者建立对 LabVIEW 2016 的感性认识，同时也可以让使用过以前版本 LabVIEW 的读者了解 LabVIEW 2016 的新特点。

2.1　计算机性能要求

LabVIEW 2016 可以安装在 Windows/WinXP、Mac OS、Linux 等不同的操作系统上，不同的操作系统对安装 LabVIEW 2016 时所要求的系统资源也不同。本书只对常用的 Windows 操作系统下所需要的安装资源作说明，如表 2.1 所示。其他系统可以参考 LabVIEW 2016 发布的说明。

表 2.1　安装资源

Windows 系统	LabVIEW 2016 运行引擎	LabVIEW 2016 开发环境
处理器	Pentium III/Celeron 866 MHz（或同等处理器）或更高版本（32 位） Pentium 4 G1（或同等处理器）或更高版本（64 位）	Pentium 4M（或同等处理器）或更高版本（32 位） Pentium 4 G1（或同等处理器）或更高版本（64 位）
RAM	256 MB	1 GB
屏幕分辨率	1024×768 像素	1024×768 像素
操作系统	Windows 10/8.1/8/7 SP1（32 位和 64 位） Windows Server 2012 R2（64 位） Windows Server 2008 R2（64 位）	Windows 10/8.1/8/7 SP1（32 位和 64 位） Windows Server 2012 R2（64 位） Windows Server 2008 R2（64 位）
磁盘空间	620 MB	5 GB（包括 NI 设备驱动 DVD 的默认驱动程序）

2.2　安装 LabVIEW 2016 专业开发版

LabVIEW 2016 安装软件包的获取可以购买光盘或者到官方网站下载。安装

LabVIEW 2016 之前，最好先关闭杀毒软件，否则杀毒软件会干扰 LabVIEW 2016 软件的安装。双击启动安装程序，出现如图 2.1 所示的界面。点击"下一步"后弹出如图 2.2 所示的用户信息输入对话框。

图 2.1　LabVIEW 2016 初始化界面

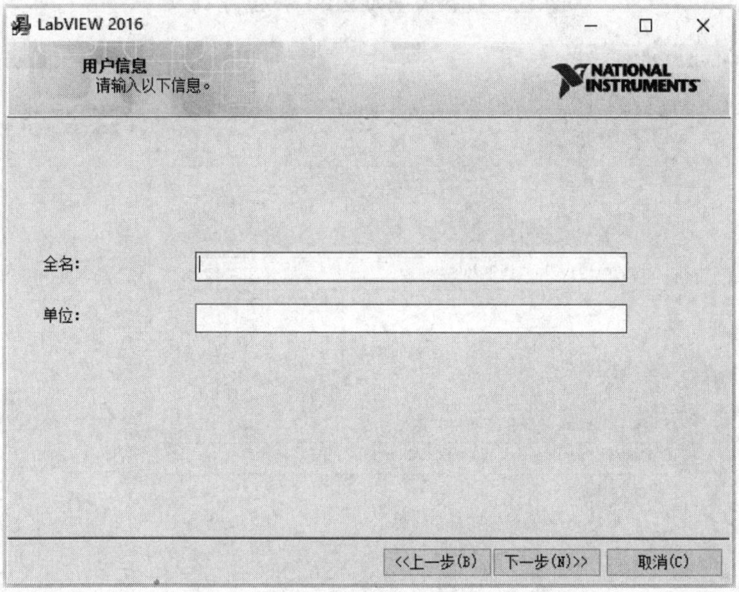

图 2.2　LabVIEW 2016 用户信息

　　单击图 2.2 中的"下一步"按钮进入序列号对话框，如图 2.3 所示。其中序列号是购买软件时 NI 公司授予合法用户的标识。如果使用试用版，则可以不输入序列号，直接单击"下一步"后出现如图 2.4 所示的安装路径对话框。图中默认的安装路径是 C 盘，用户可以单击"浏览"按钮选择其他安装路径，然后进入如图 2.5 所示的选择安装组件对话框。

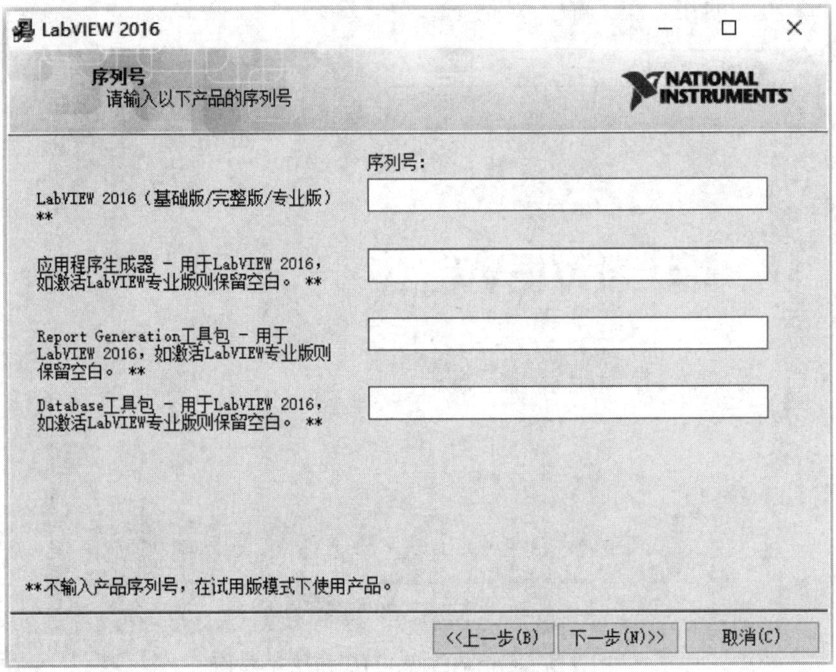

图 2.3　LabVIEW 2016 产品序列号

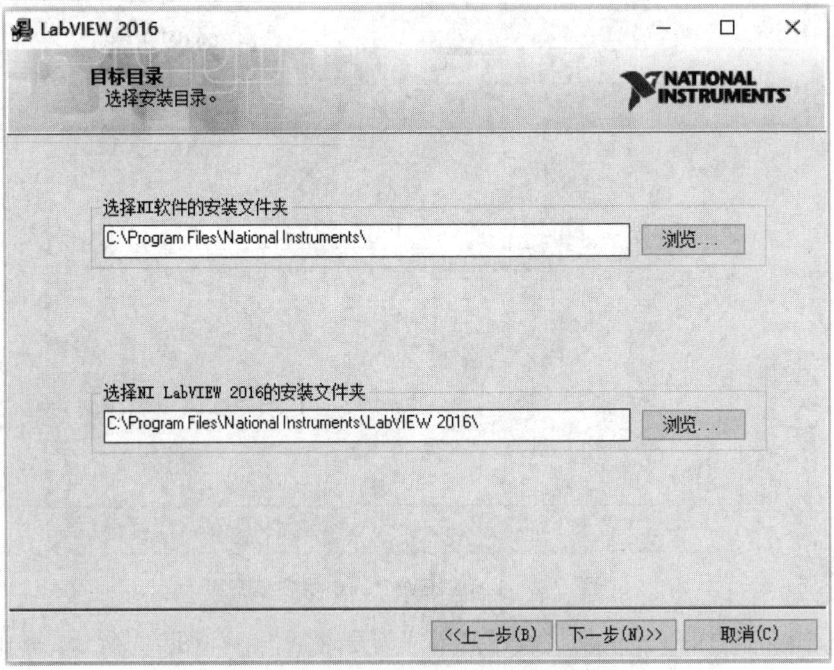

图 2.4　LabVIEW 2016 安装路径

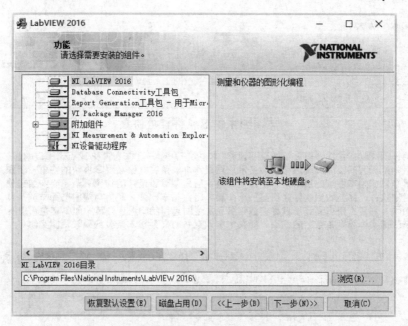

图 2.5　LabVIEW 2016 安装组件选择

　　选择安装组件以后，单击"下一步"按钮进入产品通知对话框，继续单击"下一步"进入到许可协议对话框，选择"我接受上述 2 条许可协议"后单击"下一步"按钮。继续单击"下一步"按钮进入安装进度对话框。安装完成后会弹出安装完成对话框，单击"下一步"完成安装。全部安装完成后需要重新启动计算机（见图2.6～2.10）。

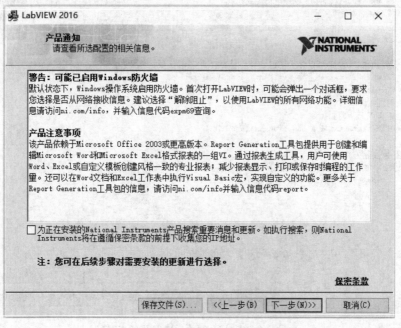

图 2.6　LabVIEW 2016 产品通知

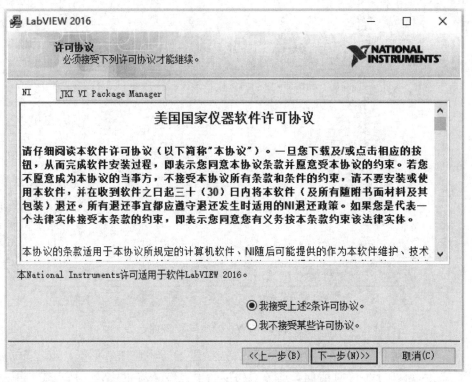

图 2.7　LabVIEW 2016 许可协议

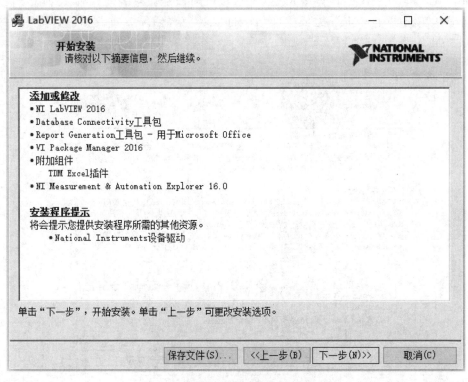

图 2.8　LabVIEW 2016 开始安装

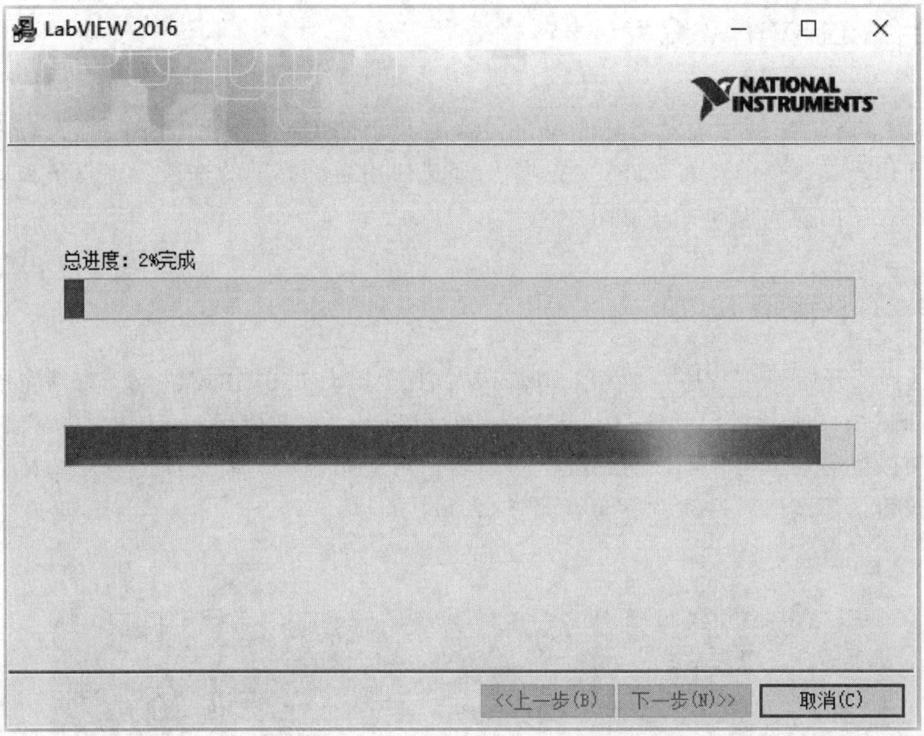

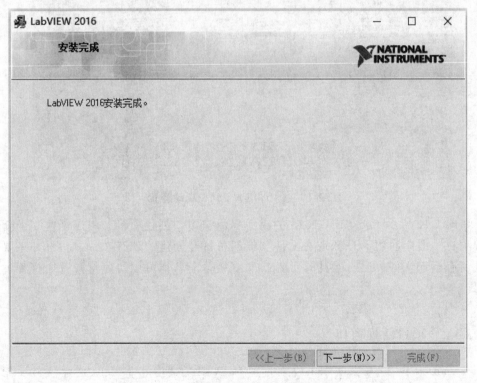

图 2.9　LabVIEW 2016 安装进度

图 2.10　LabVIEW 2016 安装完成

2.3　LabVIEW 编程环境

用 LabVIEW 编写程序与其他 Windows 环境下的可视化开发环境一样，程序的界面和代码是分离的。在 LabVIEW 中，通过使用系统提供的选板、工具条和菜单来创建程序的前面板和程序框图。

2.3.1　启动界面

选择"开始"/"程序"。"NI LabVIEW 2016"启动 LabVIEW 2016。启动完成后进入如图 2.11 所示的启动窗口。首次启动时会弹出"欢迎使用 LabVIEW"对话框，为了使以后启动不再显示该对话框，可以将"启动时显示"勾去掉，然后选择"关闭"按钮，那么以后启动就不会有此弹出窗口了。

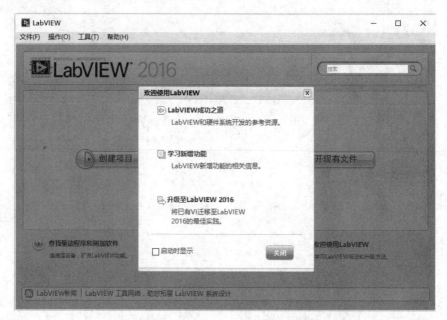

图 2.11　LabVIEW 2016 启动界面

如图 2.12 所示 LabVIEW 2016 的启动界面左边"创建项目"用于创建一个新的工程项目。图中右边"打开现有文件"按钮可打开创建的现有文件。右下方主要列出了所有近期文件、近期项目、近期 VI，直接单击名称可以快速打开近期打开过的项目。

2.3.2　项目管理窗口

在 LabVIEW 2016 中使用工程来管理 LabVIEW 文件和非 LabVIEW 文件、创建可执行文件、下载文件到目标等。使用工程管理窗口来创建和编辑工程，LabVIEW

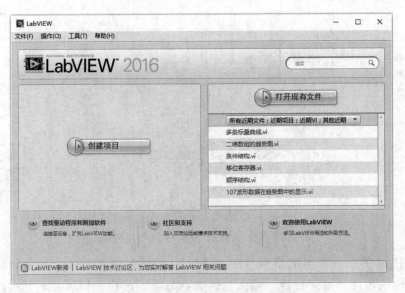

图 2.12 LabVIEW 2016 的启动界面

中工程项目文件以.lvproj 为后缀。在 LabVIEW 2016 的启动界面中选择"文件"/"创建项目"选项或在新建一栏中选择项目，就会创建一个新的工程，此时会弹出项目浏览器窗口，如图 2.13 所示。

图 2.13 项目浏览器窗口

2.3.3 前面板和程序框图

在 LabVIEW 2016 中开发的程序都被称为 VI（虚拟仪器），其后缀名默认为.vi。所有的 VI 都包括前面板、程序框图以及图标三部分，如图 2.14 所示。

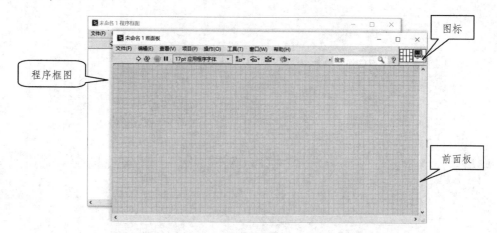

图 2.14　LabVIEW 前面板和程序框图

　　LabVIEW 前面板是图形用户界面，该界面上有交互式的输入/输出两类控件，分别称为输入控件和显示控件。输入控件包括开关、旋钮、仪表和其他各种输入设备；显示控件包括图形、指示灯和其他显示输出对象。

　　程序框图是实现 VI 逻辑功能的图形化源代码。框图中的编程元素除了包括与前面板上的控件对应的连接端子外，还有函数、常量、结构和连线等。

2.3.4　控件选板

　　注意：只有打开前面板时才能调用控件选板。

　　控件选板用来给前面板放置各种所需的输出显示对象和输入控件对象。每个图标代表一类子模板。如果控件选板不显示，可以用"查看"菜单的"控件选板"功能打开它，也可以在前面板的空白处，点击鼠标右键，以弹出控件选板。

　　控件选板如图 2.15 所示，它包括如下所示的一些子模板。子模板中包括的对象，如表 2.2 所示。

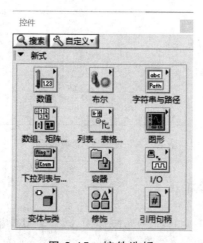

图 2.15　控件选板

表 2.2 控件选板中的对象

序号	图标	子模板名称	功能
1		数 值	数值的控制和显示。包含数字式、指针式显示表盘及各种输入框
2		布 尔	逻辑数值的控制和显示。包含各种布尔开关、按钮以及指示灯等
3		字符串和路径	字符串和路径的控制和显示
4		数组和簇	数组和簇的控制和显示
5		列表和表格和树	列表和表格的控制和显示
6		图 形	显示数据结果的趋势图和曲线图
7		下拉列表与枚举	下拉列表与枚举的控制和显示
8		容 器	使用容器控件组合其他控件
9		输入/输出功能	输入/输出功能，于操作 OLE、ActiveX 等功能
10		变体与类	使用变体和类控件与变体和面向对象的数据交互
11		修 饰	使用修饰图形化组合或分隔前面板对象
12		引用句柄	参考数

2.3.5 函数选板

注意： 只有打开了程序框图窗口，才能出现函数选板。

函数选板是创建流程图程序的工具。该选板上的每一个顶层图标都表示一个子模板。若函数选板不出现，则可以用"查看"菜单下的"函数选板"功能打开它，也可以在流程图程序窗口的空白处点击鼠标右键以弹出函数选板。

函数选板如图 2.16 所示，其子模块说明如表 2.3 所示。注意个别不常用的子模块未包含。

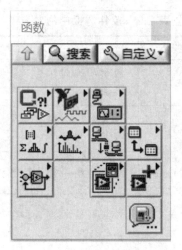

图 2.16　函数选板

表 2.3　函数选板下的子模板

序号	图标	子模板名称	功　能
1		Structure（结构）	包括程序控制结构命令，例如循环控制等，以及全局变量和局部变量
2		Numeric（数值运算）	包括各种常用的数值运算，还包括数制转换、三角函数、对数、复数等运算，以及各种数值常数
3		Boolean（布尔运算）	包括各种逻辑运算符以及布尔常数
4		String（字符串运算）	包含各种字符串操作函数，数值与字符串之间的转换函数，字符（串）常数等
5		Array（数组）	包括数组运算函数、数组转换函数，以及常数数组等
6		Cluster（簇）	包括簇的处理函数，以及群常数等。这里的群相当于 C 语言中的结构
7		Comparison（比较）	包括各种比较运算函数，如大于、小于、等于
8		Time & Dialog（时间和对话框）	包括对话框窗口、时间和出错处理函数等
9		File I/O（文件输入/输出）	包括处理文件输入/输出的程序和函数
10		Data Acquisition（数据采集）	包括数据采集硬件的驱动，以及信号调理所需的各种功能模块
11		Waveform（波形）	各种波形处理工具

序号	图标	子模板名称	功　能
12		Analyze（分析）	信号发生、时域及频域分析功能模块及数学工具
13		Instrument I/O（仪器输入/输出）	包括 GPIB（488、488.2）、串行、VXI 仪器控制的程序和函数，以及 VISA 的操作功能函数
14		Mathematics（数学）	包括统计、曲线拟合、公式框节点等功能模块，以及数值微分、积分等数值计算工具模块
15		Communication（通信）	包括 TCP、DDE、ActiveX 和 OLE 等功能的处理模块
16		Application Control（应用控制）	包括动态调用 VI、标准可执行程序的功能函数
17		Graphics & Sound（图形与声音）	包括 3D、OpenGL、声音播放等功能模块；包括调用动态链接库和 CIN 节点等功能的处理模块
18		Tutorial（示教课程）	包括 LabVIEW 示教程序
19		Report Generation（文档生成）	
20		Advanced（高级功能）	
21		Select a VI（选择子 VI）	
22		User Library（用户子 VI 库）	

2.3.6　工具选板

工具选板提供了各种用于创建、修改和调试 VI 程序的工具，如图 2.17 所示。如果该模板没有出现，用户可以在菜单栏上选择"查看"/"工具选板"命令以显示该选板。当从选板内选择任何一种工具后，鼠标箭头就会变成该工具相应的形状。

在前面板和程序框图中都可以使用工具选板，使用其中不同的工具可以操作、编辑或修饰前面板和程序框图中选定的对象，也可以用来调试程序等。工具选板中的工具说明如表 2.4 所示。

图 2.17　工具选板

表 2.4　工具选板中的工具

序号	图标	名　称	功　能
1		Operate Value（操作值）	用于操作前面板的控制和显示。使用它向数字或字符串控件中输入值时，工具会变成标签工具
2		Position/Size/Select（选择）	用于选择、移动或改变对象的大小。当它用于改变对象的连框大小时，会变成相应形状
3		Edit Text（编辑文本）	用于输入标签文本或者创建自由标签。当创建自由标签时它会变成相应形状
4		Connect Wire（连线）	用于在流程图程序上连接对象。如果联机帮助的窗口被打开时，把该工具放在任一条连线上，就会显示相应的数据类型
5		Object Shortcut Menu（对象菜单）	用鼠标左键可以弹出对象的弹出式菜单
6		Scroll Windows（窗口漫游）	使用该工具就可以不需要使用滚动条而在窗口中漫游
7		Set/Clear Breakpoint（断点设置/清除）	使用该工具在 VI 的流程图对象上设置断点
8		Probe Data（数据探针）	可在框图程序内的数据流线上设置探针。通过探针窗口来观察该数据流线上的数据变化状况
9		Get Color（颜色提取）	使用该工具来提取颜色以用于编辑其他的对象
10		Set Color（颜色设置）	用来给对象定义颜色。它也显示出对象的前景色和背景色

2.4　编辑前面板

　　前面板是图形用户界面（也就是 VI 的虚拟仪器面板），也是 VI 程序的用户操作界面，是 VI 程序的交互式输入和输出端口，通常使用输入控件和显示控件来创建前面板。输入控件是指旋钮、按钮、转盘等输入装置，输入控件模拟仪器的输入装置，为 VI 的程序框图提供数据；显示控件是指图表、指示灯等显示装置，显示控件模拟仪器的输出装置，用以显示程序框图获取或生成的数据。

　　前面板中常用的基本控件分为新式、银色、系统、经典 4 种样式。

　　新式和经典类型控件对象具有高色彩外观。为了获取对象的最佳外观，显示器最低应设置为 16 色。位于新式面板上的控件也有相应的低彩对象。经典选板上的控件适于创建 256 色和 16 色显示器上显示的 VI。新式和经典控件选板如图 2.18 所示。

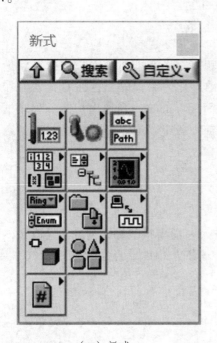
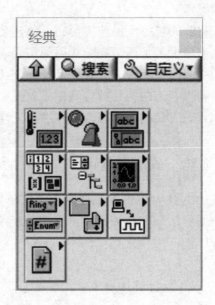

（a）新式　　　　　　　　　　　　　　　（b）经典

图 2.18　新式和经典控件选板

　　系统控件的外观及风格与 Windows 系统控件相同，包括下拉列表和旋转控件、数值滑动杆、进度条、列表框、树形控件、复选框和自动匹配父对象背景色的不透明标签，如图 2.19 所示。系统控件的外观取决于 VI 运行的操作系统，在不同的操作系统上运行 VI 时，系统控件将根据当前操作系统的界面风格自动更改其颜色和外观，与该操作系统的标准控件相匹配。

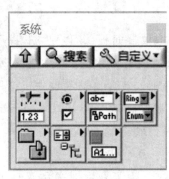
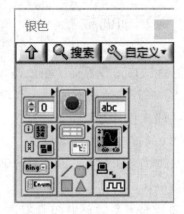

（a）系统　　　　　　　　　　　（b）银色

图 2.19　系统和银色控件选板

2.5　编辑程序框图

在前面板中添加控件后，必须还要创建程序框图才能对前面板中的对象进行控制。程序框图是图形化源代码的集合，这种图形化的编程语言也称 G 语言。在程序框图中对 VI 编程，以控制和操纵定义在前面板上的输入和输出功能。程序框图中包括前面板上的控件的连线端子，还有一些前面板上没有，但编程必须有的东西，例如函数、结构和连线等。

2.5.1　程序框图节点

LabVIEW 中的程序框图节点是指带有输入和输出接线端的对象，类似文本编辑语言中的语句、运算符、函数和子程序。LabVIEW 中的节点主要包括函数、结构、子 VI 等。

2.5.2　对象连线

连线用于在程序框图各对象间传递数据。每根连线都只有一个数据源，但可与多个读取数据的 VI 和函数连接，这与在文本编程语言中传递必需参数相似。连线时必须连接所有需要连接的程序框图接线端，如未连接所有必需接线端，VI 将处于断开状态而无法运行。打开即时帮助窗口可获知程序框图节点的哪些接线端需要连接。必需接线端的标签在即时帮助窗口中以粗体字显示。

连线的颜色、样式和粗细随连接对象数据类型的不同而不同，这与接线端以不同颜色和符号来表示相应输入控件或显示控件的数据类型相似。断开的连线显示为黑色的虚线，中间有个红色的 X。出现断线的原因有很多，如试图连接数据类型不兼容的两个对象时就会产生断线。断线中间红色 X 任意一边的箭头表明了数据流的方向，而箭头的颜色表明了流过连线数据的数据类型。对象之间的连线可以采用手动连线和自动连线。

1. 手动连线

连线工具可以手动方式为程序框图上不同节点的接线端连线。连线工具移到某个接线端上时，接线端将不断闪烁。单击鼠标，然后移动鼠标，此时会出现一条虚线随鼠标一起移动，如图 2.20（a）所示。

当连线需要转折的时候，单击鼠标左键即可，如图所示 2.20（b）所示，用连线连接接线端时，在垂直或水平方向移动光标可将连线 90° 转折。如需在多个方向转折连线，可先单击鼠标按钮一次以定位连线，再向新的方向移动光标。这样可不断定位连线并将连线接往新方向。最后单击另外一个接线端即可。如果在接线过程中，需要撤销连线的上次操作，可以按住 Shift 键，然后单击程序框图的任意位置。如果要撤销整个连线操作，右击程序框图的任意位置。

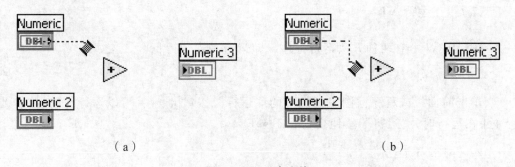

（a）　　　　　　　　　　　　　　　（b）

图 2.20　手动连线

2. 自动连线

所选对象移动到程序框图上其他对象的近旁时，LabVIEW 将显示临时连线，提示两者间有效的连线方式。将对象放置在程序框图上时，放开鼠标后 LabVIEW 将自动连线。程序框图上已有对象也可自动连线。LabVIEW 将连接最匹配的接线端，对不匹配的接线端不予连线。

使用定位工具来移动对象时，按空格键则切换到自动连线模式。

默认状态下，从函数选板选择一个对象时，或通过在按住<Ctrl>键的同时拖动对象来复制一个程序框图上已有的对象时，自动连线方式将启用。默认状态下，使用定位工具来移动程序框图上已有的对象时，自动连线将被禁用。

3. 选择连线

使用定位工具单击、双击或连续三次单击连线可以选择相应的连线。单击连线选中的是连线的一个直线段，双击连线选中的是连线的一个连线分支，连续三次单击连线选中的是整条连线。

2.6　程序注释

使用过文本语言，如 C 语言编程的用户都知道，在编写程序时往往在一些语句或程序段中增加一些文本注释行来解释程序的功能，这样可以增加程序的可读性。同样，在 LabVIEW 图形化编程中添加适当文字注释也非常重要。

在程序框图中添加注释比较简单，双击任意位置后直接输入注释文本，当输完后在单击任意位置即可。

2.7　运行和调试 VI

程序编写完成后，必须经过运行和调试来观察是否达到预期的运行效果，从而检查程序中存在的错误和问题。LabVIEW 提供了许多工具来帮助用户完成程序的调试，下面对它们分别进行简单介绍。

2.7.1　运行 VI

LabVIEW 中有两种方法运行程序，即运行和连续运行。

1. 运行 VI

单击前面板或程序框图工具栏中的"运行"按钮 ⇨，就可以运行 VI 一次，当 VI 正在运行时，"运行"按钮变为状态 ➡。

2. 停止 VI 运行

当程序运行时，"停止"按钮由编辑时的状态 ◉ 变为可用状态 ◉，单击此按钮可强行停止程序的运行。如果调试程序时，使程序无意中进入死循环或无法退出时，这个按钮可以强行结束程序运行。

3. 连续运行 VI

单击工具栏中的"连续运行"按钮 ，可以连续运行程序，这时按钮变成 状态，在这种状态下再单击此按钮就可以停止连续运行。

4. 暂停 VI

工具栏上的"暂停"按钮 ❚❚ 用来暂停程序的运行。单击一次暂停程序，再次单击恢复程序的运行。

2.7.2　调试 VI

使用 LabVIEW 编译环境中提供的调试手段可以使用户清楚地观察程序的运行，从而查找错误、修改和优化程序。

1. 单步运行 VI

LabVIEW 单步执行 VI 则是在程序框图中按照程序节点的逻辑关系，沿着连线逐个节点来执行程序，这与文本语言按照语句来逐句执行有所不同。

单击工具栏上的"单步执行"按钮，按单步步入方式执行 VI，单击一次执行一步，遇到循环结构或子 VI 时，跳入循环或子 VI 内部继续单步执行。同时也可以在操作菜单中选择单步步入。

单击工具栏上的"单步跳过"按钮，按单步跳过方式执行 VI，也是单击一次执行一步，但这种方式下把循环结构或子 VI 作为一个节点来执行，不再跳入其内部。同时也可以在操作菜单中选择单步步过。

单击工具栏上的"单步跳出"按钮，可跳出单步执行 VI 的状态，且暂停运行程序。同时也可以在操作菜单中选择单步步出。

2. 设置断点

在工具选板中选择断点工具，然后单击需要设置断点的地方，就可设置一个断点，如果单击已经设置断点的地方，可以删除此断点。也可在需要设置断点的地方右击弹出快捷菜单设置断点或删除断点，从快捷菜单中可以选择"设置断点"或者"断点管理器"，如图 2.21 所示。

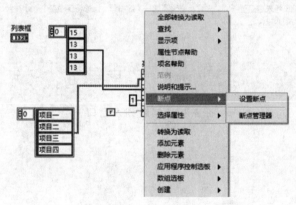

图 2.21　设置断点

当程序运行到断点处时，程序自动暂停。如果断点设置在节点上，此时节点处于闪烁状态；如果断点设置在连线上，此时连线处于选中状态，这样可以提示程序暂停的位置。此时如果单击工具栏上的"暂停"按钮，程序就会运行到下一个断点或者直到程序结束。

3. 高亮显示数据流

在程序执行前或正在执行时，单击工具栏上的"高亮执行"按钮，程序就可以在高亮方式下运行，这时可以逼真地显示数据的流动过程。再次单击此按钮，程序又恢复正常运行。

注意： 使用高亮执行方式，将明显降低程序的执行速度。

4. 查找 VI 不可执行的原因

如果一个 VI 程序中存在错误时，VI 是不能运行的。这时，工具栏中的"运行"按钮由 ⬛ 变为断裂状态 ⬛，如果单击此按钮就会弹出错误列表对话框，如图 2.22 所示。这个对话框中列出了目前 VI 中存在的所有错误，如果直接双击其中的错误行，或者单击"显示错误"按钮，则可以定位到程序框图中相应的错误处，这样可以大大提高查找错误的效率。

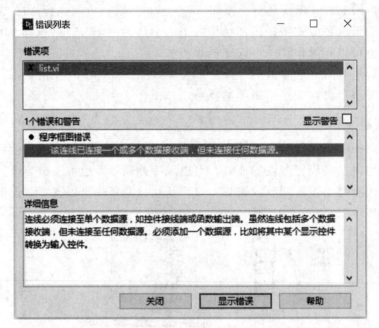

图 2.22　错误列表窗口

3　第一个 VI 例子

首先编写一个简单的 LabVIEW 程序来体验一下 LabVIEW 编程的简单和强大。编写这个程序的简单程度类似于文本编程语言中的 Hello World 程序。完成练习后，我们将得到一个类似于如图 3.1 所示的 VI 前面板与程序框图。

LabVIEW 程序被称为 VI（Virtual Instrument），并以.vi 作为文件扩展名。一般情况下 vi 由前面板和程序框图两部分组成，以后我们将会一直使用 VI 来代表 LabVIEW 程序。

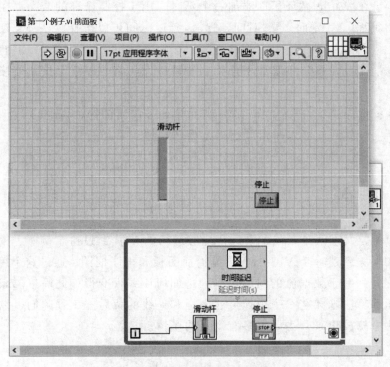

图 3.1　进度条控制程序前面板与程序框图

3.1　创建一个 VI

VI 前面板控件分为输入控件和显示控件。显示控件用于向用户显示数据和信息，输入控件则用于用户向程序输入数据或控制信号。LabVIEW 中很多控件都模仿了现实生活中的仪器仪表界面，例如旋钮、开关和温度计等。下面将在前面板中添加两个控件用于进度条控制程序的制作。

第一步：启动 LabVIEW 2016，在文件菜单下新建一个 VI。在前面板如果看不到控件选板，可以选择"查看"/"控件选板"选项来显示它。

第二步：单击"新式"/"数值"/"垂直进度条"控件，然后移动鼠标到 VI 前面板图形显示控件左端，单击 VI 前面板空白区域，将垂直进度条放置在 VI 前面板上。

第三步：单击"新式"/"布尔"/"停止"按钮控件，然后移动鼠标到 VI 前面板图形显示控件右端，单击 VI 前面板空白区域，将"停止"按钮放置在 VI 前面板上。

第四步：选择 Ctrl+E 快捷键切换到程序框图，在程序框图中空白处右键调出函数选板，单击"编程"/"结构"/"While 循环"放置一个 While 循环，如图 3.1 所示。

第五步：在 While 循环里面添加一个延时，用于控制循环的节奏。在函数选板中，单击"编程"/"定时"/"时间延迟"，延迟时间可以选择默认 1 s 延时或者单独设置。

第六步：连线，将循环变量 i 连接到滑动杆上，将"停止"按钮连接到循环条件上。

第七步：选择"文件"/"保存"，或者 Ctrl+s 快捷键保存该 VI。

完成以上步骤后就可以单击"运行"按钮，以查看运行效果。

3.2 小 结

到此为止，大家已经完成了第一个能够运行的 VI。通过这个例子，读者应该初步学会了如何去新建一个 VI，如何去编辑前面板和程序框图。通过这个练习，大家可以初次感受到基于数据流的图形化编程是如何让编程变得如此简单。LabVIEW 将复杂的界面和算法隐藏在一个个控件、图标和连线的背后。工程师们可以从复杂的代码和算法中解放出来，去干更多有意义的事情。

4 数据操作和应用

LabVIEW 是图形化编程语言，程序框图中以不同的图标和颜色来表示不同的数据类型。

4.1 常用数据类型

4.1.1 数字型

数字型控件在前面板的外观可以五花八门，但是程序框图中的操作却是以其代表的数据类型为准。数字型是基本的数据类型，主要包括浮点型、整型和复数型三种类型。

LabVIEW 的数据类型隐藏在前面板的输入控件和显示控件中。数值控件主要位于控件选板的数值子选板中，如图 4.1 所示。

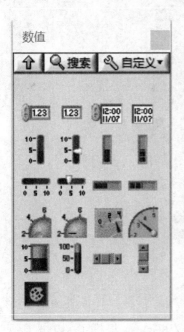
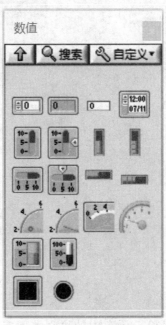
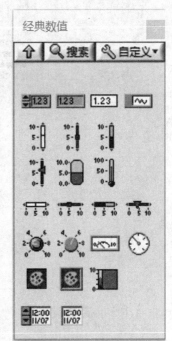

图 4.1　不同风格数值子选板

4.1.2 布尔型

布尔型控件代表一个布尔值，只有 1 和 0，或真（True）和假（False）两种状态，也叫逻辑型。它既可以代表按钮输入，也可以当做 LED 指示灯显示。布尔型主要包含在控件选板的布尔子选板中。

布尔型输入控件一个重要属性为机械动作，使用该属性可以模拟真实开关的动作特性。右击布尔型输入控件，选择机械动作选项就可打开机械动作子菜单，如图4.2 所示。

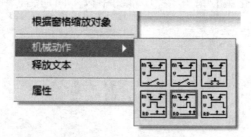

图 4.2　机械动作子菜单

在布尔输入控件上点击右键，选择"属性"后，在弹出的对话框的操作选项中也可以设置机械动作，共有六种按钮动作，而且还有详细的动作解释和动作预览，如图 4.3 所示。

图 4.3　机械动作说明

4.1.3 枚举类型

LabVIEW 中的枚举类型和 C 语言中的枚举类型定义相同。它提供了一个选项列表，其中每一项都包含一个字符串标识和数字标识。数字标识与每一选项在列表中的顺序一一对应。

枚举数据类型可以以 8 位、16 位或 32 位无符号整数表示。这三种表示方式之间的转换可以通过右键菜单中的"表示法"选项实现，如图 4.4 所示。

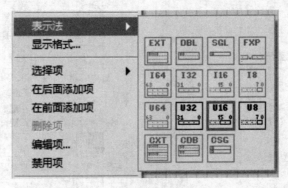

图 4.4　枚举支持的数据长度

下面以一个枚举输入控件为例来说明其使用方法。首先从选板中选择枚举输入控件添加到前面板中，然后右键单击控件，从快捷菜单中选择"编辑项"，打开枚举输入控件的编辑对话框，如图 4.5 所示。

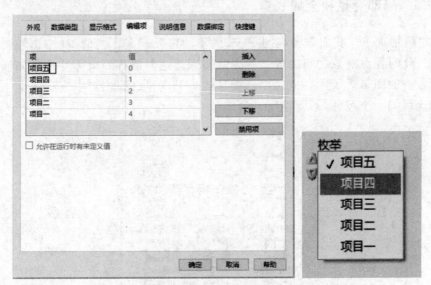

图 4.5　枚举型编辑对话框及前面板显示效果

4.1.4　时间类型

时间类型是 LabVIEW 中特有的数据类型，用于输入与输出时间和日期。时间标识控件位于控件选板的"数值"子选板中，相应的函数位于函数选板的"定时"子选板中，如图 4.6 所示。

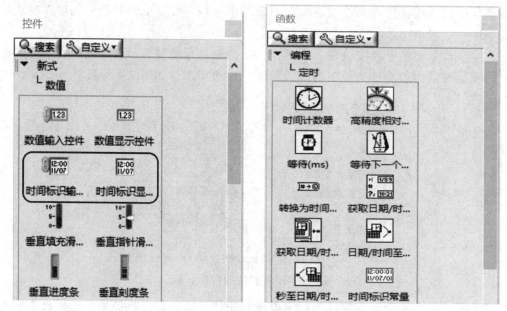

图 4.6 时间类型和时间函数选板

4.1.5 局部变量和全局变量

在很多情况下，我们需要在同一 VI 的不同位置或在不同的 VI 中访问同一个控件对象，此时控件对象之间的连线就无法实现。这时候我们就需要用到局部变量或全局变量，如图 4.7 所示。通过局部变量或全局变量，我们可以在程序框图中的多个地方读写同一个控件。

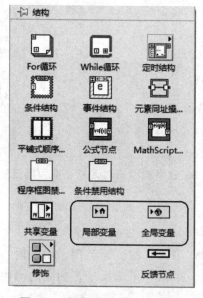

图 4.7 局部变量和全局变量

1. 局部变量

局部变量只能在同一程序内部使用,每个局部变量都对应前面板上的一个控件,一个控件可以创建多个局部变量,读写局部变量等同于读写相应控件。

创建局部变量有两种方法。第一种是从函数选板的"结构"子选板中选中"局部变量"节点,将其添加到程序框图中,这时由于局部变量还没有和相应的输入或显示控件相关联,故图标上显示一个问号。右键单击此图标,从快捷菜单中选择"选择项"选项,选择其中名称就可以完成局部变量的创建,或单击此图标显示一个下拉菜单,其中列出了前面板上的控件名称,选择其中的名称就完成一个局部变量的创建,如图 4.8 所示。

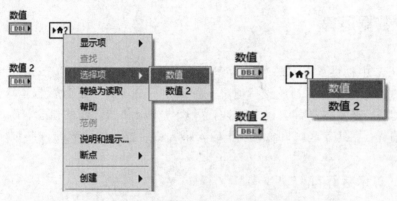

图 4.8　第一种局部变量创建

第二种创建局部变量的方法是在前面板或程序框图中右键单击需要创建局部变量的控件,选择"创建"/"局部变量"选项创建该控件的局部变量,如图 4.9 所示。

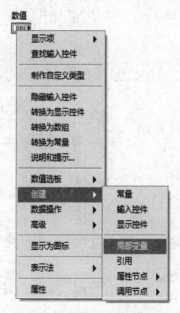

图 4.9　第二种局部变量创建

2. 全局变量

通过全局变量可以在不同的 VI 之间进行数据交换。一个全局变量的 VI 文件中可以包含多个不同数据类型的全局变量。

LabVIEW 中的全局变量是以独立的 VI 文件形式存在的，这个 VI 文件只有前面板，没有程序框图，不能进行编程。

注意： 使用局部变量和全局变量时要避免竞争现象。例如，在程序不同的两个地方同时写同一个的对象的局部变量或全局变量，就会产生竞争现象，这时变量的值是无法预期的。因此，我们必须要注意程序的执行顺序，避免竞争现象。

4.2　数据运算

LabVIEW 中提供了丰富的数据运算功能，除了基本的数据运算符外，还有许多功能强大的函数节点，并且还支持通过一些简单的文本脚本进行数据运算。与文本编程不同的是，在文本语言编程中都具有运算优先级和结合性的概念，而 LabVIEW 是图形化编程，不具有这些概念，运算是按照从左到右沿数据流的方向顺序执行的。

4.2.1　算术运算符

基本算术运算符包含在函数选板的"数值"子选板中，该子选板中有类型转换节点、复数节点、数学和科学常数节点等，如图 4.10 所示。

基本算术运算符主要实现加、减、乘、除等功能。LabVIEW 中的算术运算符输入端能根据输入数据类型的不同而自动匹配，并且还能自动进行强制数据类型转换。

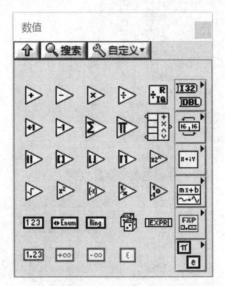

图 4.10　数值子选板中基本算术运算符

4.2.2 关系运算符

关系运算符也叫比较运算符，包含在函数选板的"比较"子选板中，如图 4.11 所示。

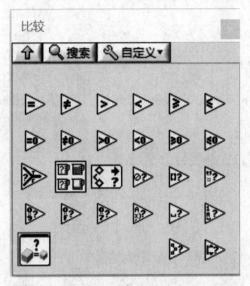

图 4.11 比较子选板中基本关系运算符

4.2.3 逻辑运算符

逻辑运算符又称为布尔运算符，包含在程序框图中函数选板的"布尔"子选板中，LabVIEW 中逻辑运算符的图标与数字电路中逻辑运算符的图标相似，如图 4.12 所示。

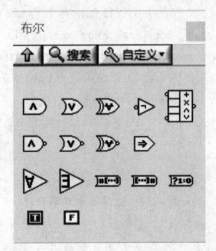

图 4.12 布尔子选板中基本逻辑运算符

逻辑运算符的输入数据类型可以是布尔型、整型、元素为布尔型或整型的数组和簇。当输入数据类型为整型时，运算符自动将整型数转换为相应的二进制数，然后再将转换后的二进制数每一位进行逻辑运算，最后的输出结果是经过逻辑运算后的十进制数。如果输入的数据类型是浮点型，运算符自动将它强制转换为整型数后再运算。

4.2.4 表达式节点

表达式节点包含在程序框图中函数选板的"数值"子选板中，如图 4.13 所示。

图 4.13 数值子选板中的表达式节点

使用表达式节点可以计算包含一个变量的数学表达式，该节点允许使用除复数外的任何数字类型。在表达式节点中可以使用的函数有 abs、acos、acosh、asin、asinh、atan、atanh、ceil、cos、cosh、cot、csc、exp、expml、floor、getexp、getman、int、intrz、ln、lnpl、log、log2、max、min、mod、rand、rem、sec、sign、sin、sinc、sinh、sqrt、tan、tanh。下面用一个例子说明表达式节点的使用方法，利用表达式节点来计算表达式 Y=X+3 的值，如图 4.14 所示。

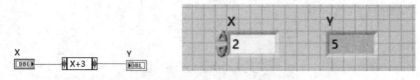

图 4.14 使用表达式节点

注意：在使用表达式节点的时候，在表达式节点里面只需要输入 X+3，而不需要输入 Y = X+3，有些初学者习惯于在节点里面输入 Y = X+3，这样程序是要报错的，表达式节点里面不能赋值。

思考与练习

1. 写一个 VI 判断两个数的大小，如题图 4.1 所示：当 A > B 时，指示灯亮。

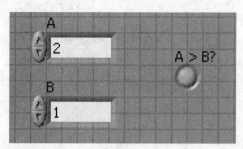

题图 4.1

2. 写一个 VI 获取当前系统时间，并将其转换为字符串和浮点数，如题图 4.2 所示。这在实际编程中会经常遇到。

题图 4.2

3. 利用局部变量写一个计数器，每当 VI 运行一次，计数器就加一。当 VI 关闭后重新打开时，计数器清零。

4. 写一个温度监测器，如题图 4.3 所示，当温度超过报警上限，而且开启报警时，报警灯点亮。温度值可以由随机数发生器产生。

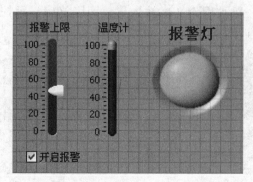

题图 4.3

5 字符串、数组和簇

5.1 字符串

字符串在 LabVIEW 编程中会频繁用到，因此 LabVIEW 封装了功能丰富的字符串函数以用于字符串的处理，用户不需要再像 C 语言中为字符串的操作编写烦琐的程序。字符串控件包括输入控件、显示控件和下拉框。字符串控件在控件选板中的位置如图 5.1 所示。

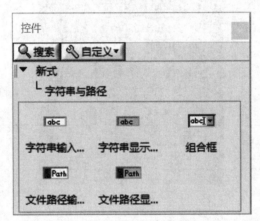

图 5.1 字符串相关控件在控件选板中的位置

5.1.1 字符串控件

字符串输入控件一般被用作文本输入框，而字符串显示控件一般被用作文本显示框。它们被放置到前面板上的样子如图 5.2 所示。

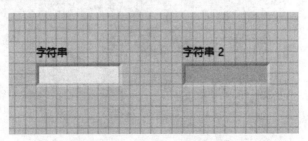

图 5.2 字符串输入控件和字符串显示控件

5.1.2 表格和树形控件

表格（Table）和树形控件在"控件"/"新式"/"列表、表格和树"面板下。对应的银色、系统和经典下也能找到相应控件，使用方法相同，只是风格不一样。它们在控件选板的位置如图 5.3 所示。

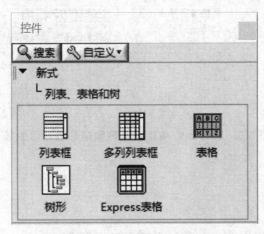

图 5.3 表格和树形控件

表格实际上就是一个字符串组成的二维数组。将控件放置在前面板后，可以直接右击该控件编辑它的各种属性。右击该控件，选择"显示项"/"行首"或者"列首"可以显示行首或列首，如图 5.4 所示。

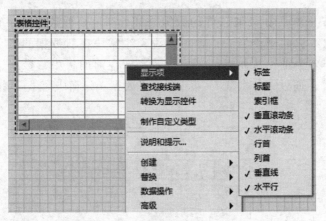

图 5.4 表格显示项的设置

树形控件以树的形式显示多层内容，Windows 的资源管理器就是用树形控件来显示文件目录的。

5.1.3 字符串函数

字符串相关的函数都在"函数选板"/"编程"/"字符串"面板下，这些函数基本上涵盖了字符串处理所需的各种功能。

下面给大家举例说明字符串函数的使用方法,利用字符串连接函数连接字符串,如图 5.5 所示。

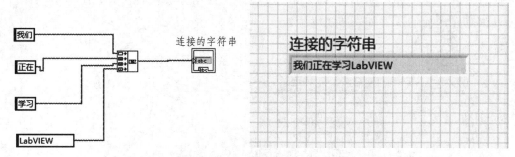

图 5.5　字符串连接程序框图和前面板显示效果

5.2　数　组

数组是对一些数据组合,是同一类数据元素组成的集合。它的大小可变,最大的特点是所有数据以一种特定的方式存放并读取。它是一种数据的集成和概括。

5.2.1　数组介绍

LabVIEW 中的数组和其他软件的数组一样,都是一种数据或字符的集合。数组主要用在对一组数据的操作当中,也就是说,经常用在对数据的集合操作中。这样一次就可以操作多个量,从而提高了运行效率。在前面板中,数组、矩阵与簇是同一类的数据形式,通过"控件"/"新式"/"数据、矩阵与簇"下拉列表打开,如图 5.6 所示。

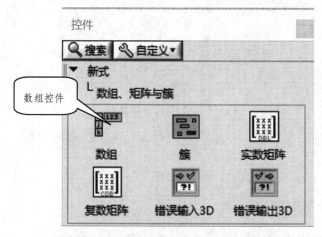

图 5.6　数组控件在控件选板中的位置

5.2.2 数组控件

一般来说，创建一个数组有两件事要做。首先要建一个数组的"壳"（shell），然后在这个壳中置入数组元素（数或字符串等）。

如果需要用一个数组作为程序的数据源，可以选择"函数"/"编程"/"数组"/"数组常量"，将它放置在流程图中，如图 5.7 所示。然后再在数组框中放置数值常量、布尔数或字符串常量。图 5.8 显示了在数组框放入字符串常量和数值数组的例子。左边是一个数组壳，中间的图上已经置入了字符串元素，右边的图反映了数值数组的创建。

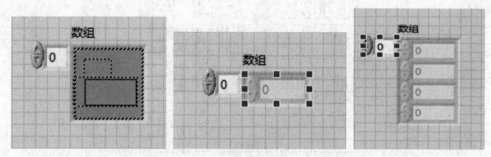

图 5.7 数组控件的创建方法

图 5.8 数组常量的创建

5.2.3 数组之间的算术运算

LabVIEW 一个非常大的优势就是它可以根据输入数据的类型来判断算子的运算方法，即自动实现多态。

对于加减乘除，数组之间的运算满足下面的规则：

（1）如果进行运算的两个数组大小完全一样，则将两个数组中索引相同的元素进行运算形成一个新的数组。

（2）若大小不一样，则忽略较大数组多出来的部分。

（3）如果一个数组和一个数值进行运算，则数组的每个元素都和该数值进行运算，从而输出一个新的数组。

5.2.4 数组函数

数组相关的函数都在"函数选板"/"编程"/"数组"面板下，这些函数基本上涵盖了数组处理所需的各种功能，如图 5.9 所示。

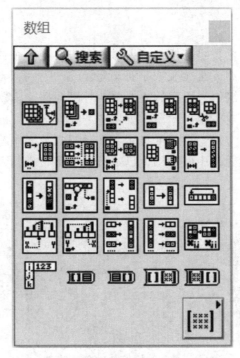

图 5.9　函数选板中的数组函数

5.3　簇

（1）簇是 LabVIEW 中比较独特的一个概念，但实际上它类似于 C 语言等文本编程语言中的结构体变量。

在前面板上放置一个簇壳就创建了一个簇。然后用户可以将前面板上的任何对象放在簇中。例如数组，用户也可以直接从控件选板上直接拖取对象堆放到簇中。

如果用户要求簇严格地符合簇内对象的大小，可在簇的边界上弹出快捷菜单中选择"自动调整大小"/"调整为匹配大小"。

（2）簇内部元素的顺序。簇的元素有一个序，它与簇内元素的位置无关。簇内第一个元素的序为 0，第二个是 1，等等。如果用户删除了一个元素，序号将自动调整。如果用户想将一个簇与另一个簇连接，这两个簇的序和类型必须统一。如果用户想改变簇内元素的序，可在快速菜单中选择"重新排序簇中控件"，这时会出现一个窗口，在该窗口内可以修改序。

5.3.1　簇的创建

簇控件在控件选板中的位置如图 5.10 所示，其中的错误输入和错误输出其实也是一种已经定义好的簇。

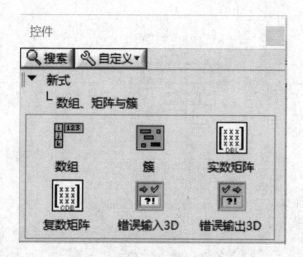

图 5.10 簇在控件选板中的位置

簇控件的使用方法与数组控件的方法类似，先将簇"壳"放置在前面板上，然后再将簇的元素控件一个个地放置在"壳"中，最后将元素按需要的顺序索引。对于事先已经放置在前面板上的元素控件也可以直接拖动到簇"壳"中去。一个簇中的对象必须全部是输入控件，或全是显示控件，不能在同一个簇中组合输入控件与显示控件，因为簇本身的属性必须是其中之一。一个簇是输入控件或显示控件，取决于其内的第一个对象的状态。

5.3.2 簇操作函数

1. 解包函数（Unbundle）

该函数将簇解开，从而获得簇中各个元素的值。缺省情况下，它会根据输入的簇自动调整输出端子的数目和数据类型，并按照簇内部元素索引的顺序排列，示例如图 5.11 所示。

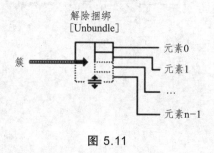

图 5.11

2. 打包函数（Bundle）

该函数用来为 Cluster 中各元素赋值，示例如图 5.12 所示。

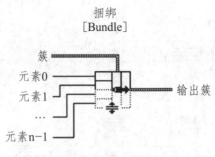

图 5.12

3. 按元素名称解包函数（Unbundle By Name）

普通的解包函数解包后只有将鼠标移到输出端子上才能看到输出元素的名称，因此程序的可读性不高。该函数可以根据名称有选择性地输出簇内部元素，其中元素名称就是指元素的 Label。示例如图 5.13 所示。

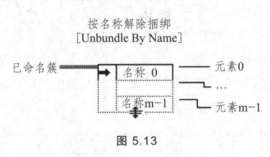

图 5.13

4. 按元素名称打包函数（Unbundle By Name）

该函数通过簇内部元素名称来给簇内部元素赋值。参考簇是必需的，该函数通过参考簇来获得元素名称。示例如图 5.14 所示。

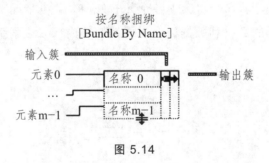

图 5.14

思考与练习

1. 连续温度采集监测添加报警信息，如题图 5.1 所示，当报警发生时输出报警信息，例如"温度超限！当前温度 XX ℃"，正常情况下输出空字符串。

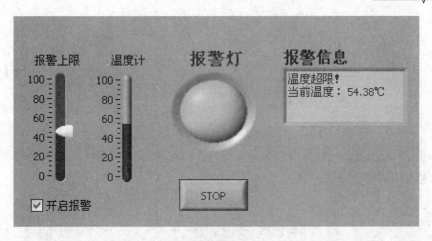

题图 5.1

2. 对字符串进行加密，规则是每个字母后移 5 位，例如 A 变为 F，b 变为 g，x 变为 c，y 变为 d 等（见题图 5.2）。

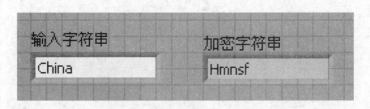

题图 5.2

3. 产生一个 3×3 的整数随机数数组，随机数要在 0 到 100 之间，然后找出数组的鞍点，即该位置上的元素在该行上最大，在该列上最小，当然也可能没有鞍点，如题图 5.3 所示。

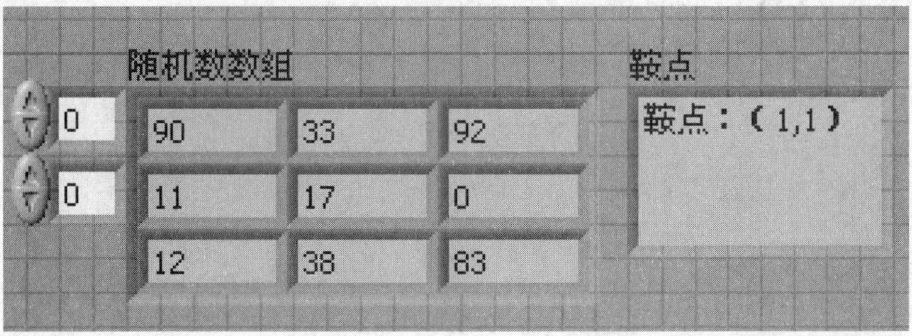

题图 5.3

4. 利用簇模拟汽车控制，如题图 5.4 所示，控制面板可以对显示面板中的参量进行控制。油门控制转速，转速 = 油门*100，档位控制时速，时速 = 档位*40，油量随 VI 运行时间减少。

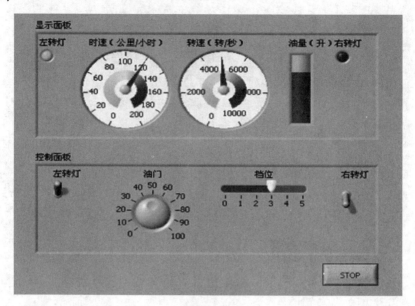

题图 5.4

6 常用程序结构

任何计算机语言都离不开程序结构，LabVIEW 作为一种图形化的高级程序开发语言也不例外。程序结构是一种由软件内部定义的程序执行方式。其就像领导指挥工作一样，把握程序执行的大局，同时也控制着一些微小环节。常用的程序结构主要有循环、事件、条件、顺序结构等。除了 goto 语句，所有 C 语言中的程序结构都能在 LabVIEW 中找到对应的实现方法。

由于 LabVIEW 是图形化编程语言，它的代码以图形的形式表现，因此无论是循环结构、条件结构还是公式节点，它们都表现为一个方框包围起来的代码。这个方框就类似于 C 语言中的"{}"。

6.1 顺序结构

6.1.1 顺序结构的概念

顺序结构是一种按照事先编程，即只要进入此顺序结构，就会按照顺序执行。由于图形化编程与文本语言的天然区别，其不能区分上下左右哪个程序先执行，有时候就需要确定程序的执行顺序，所以设计了顺序结构。

在代码式的传统文本编程语言中，默认情况是，程序语句按照人类阅读习惯排列顺序执行，除非遇到 goto 语句或者函数才会跳转到另外一段代码执行。但 LabVIEW 中不同，它是一种图形化的数据流式编程语言。LabVIEW 是根据数据流执行，只有当节点的所有输入点的数据都流到时，才会执行该节点。一般来说，数据都是按照从左到右的方向"流动"的。在图 6.1（a）中，假设有 A、B、C、D 4个节点，其数据流向如图 6.1（b）所示。按照数据流式语言的约定，任何一个节点只有在所有的输入数据有效时才会执行，所以图中，当且仅当 A、B、C 3个节点执行完，使得 D 节点的 3个输入数据都到达 D 节点后，D 节点才执行。但是用户要注意，这里并没有规定 A、B、C 3个节点的执行顺序。在 LabVIEW 中这种情况下，A、B、C 的执行顺序是不确定的，如果用户需要对它们规定一个确定的顺序，那就需要使用本节介绍的"顺序结构"。

图 6.1（b）是顺序结构的图标，它看上去像是电影胶片。它可以按一定顺序执行多个子程序。首先执行 0 帧中的程序，然后执行 1 帧中的程序，逐个执行下去。

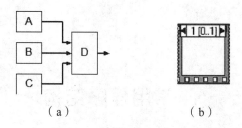

图 6.1　顺序结构

6.1.2　顺序结构的建立

顺序结构有两类：分别是层叠式顺序结构和平铺式顺序结构。它们几乎没有什么差别，只是前者是一个堆叠的结构，程序编程过程简短，可以添加顺序帧。后者是一个排开的形状，它把所有的顺序帧都显示出来，占用了大量程序界面，但是它的数据流执行明了，维护起来更加方便。LabVIEW 2016 平铺式顺序结构在函数选板的位置如图 6.2 所示。层叠式顺序结构需要将平铺式顺序结构放置到程序框图后，在右键菜单中选择"替换为层叠式顺序结构"。

图 6.2　顺序结构在函数选板中的位置

1. 平铺式顺序结构

平铺式顺序结构是一个排开的形状，如图 6.3 所示，它把所有的帧都按顺序显示出来，按照从左到右的顺序执行，这样用户可以看到所有的代码，但当代码段数很多的时候就会很难看了，同时要占用大量的空间。

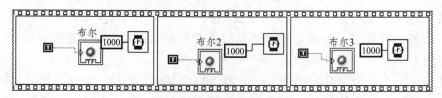

图 6.3　平铺式顺序结构

2. 层叠式顺序结构

层叠式顺序结构包括一个或多个重叠的顺序执行的子程序框图或帧，如图 6.4 所示。它将每段代码都"叠放"在了一起，以节约程序界面，因此用户同时只能看到一段代码。右击结构边框，可添加或删除分支，也可创建顺序局部变量，从而将数据在帧之间传递。

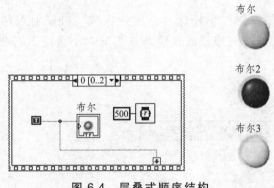

图 6.4 层叠式顺序结构

6.2 for 循环

for 循环是一种先检查循环条件后执行的方式。若条件不满足，它就不执行。若条件满足，在内部会重复执行 N 次，当 N 达到设定值后就停止工作。

6.2.1 for 循环概念

for 循环是一个常用的判断结构，它和其他语言的 for 循环一样，起到一个判断条件，再循环执行的作用，其结构如图 6.5 所示。

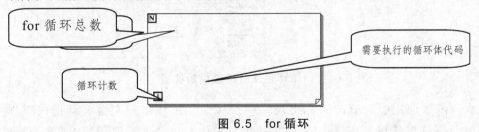

图 6.5 for 循环

for 循环在创建时，可以通过在边缘位置拖动改变其范围大小。左上角 N 是一个循环次数设置端口，表示要循环的总次数。左下角 i 是一个当前循环计数值，用来对循环次数计数。在程序执行时，先判断 N 值是否达到设定值，若达到，则停止整个 for 循环相关的工作。否则，就执行 for 循环内的部分。每执行一次 for 循环，计数端口 i 的值就增加一次。

6.2.2 循环次数的设置

for 循环中要设置循环的次数，这是循环设置的第一步。它的设置关系到程序运行的正确性和稳定性。不然有时可能会造成死循环。将循环外部的数值连接到总数接线端的左边或顶部，可手动设定循环次数，或者使用数组的自动索引自动设定循环总数。

for 循环用于将某段程序循环执行指定的次数。可以通过两种方法指定循环次数：一种是直接给定，另一种是通过输入数组的大小给定。它在函数选板中的位置如图 6.6 所示。

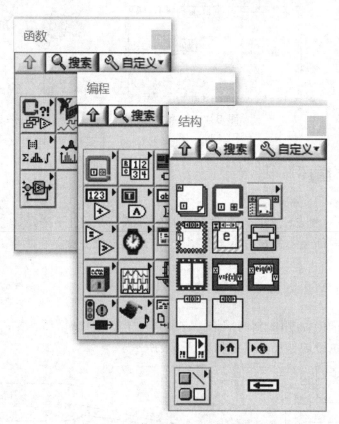

图 6.6　for 循环在函数选板中的位置

当单击函数选板中对应的图标出现手的形状后，按住鼠标左键将其拖拽在程序框图中，继续按住鼠标左键向右下方拉动，估计大小合适的时候放开鼠标左键即可。

如图 6.7 所示，其中 N 代表循环次数，i 代表当前是第几次循环。若需要与循环体外部代码交换数据，只需要将数据点用线连起来即可。当然也可以采用局部变量和全局变量的方式。图 6.8（a）为直接输入的方式，图 6.8（b）为局部变量的方式。

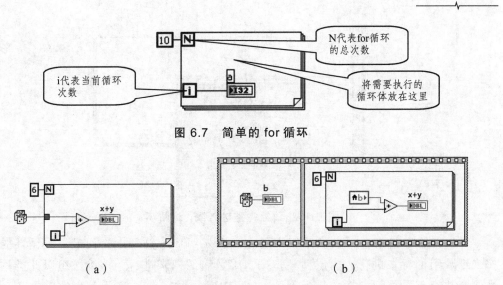

图 6.7 简单的 for 循环

图 6.8 for 循环与循环体外部代码交换数据的两种方法

6.2.3 数组与 for 循环

数组输入 for 循环的时候，默认连线使用自动索引方式，这个时候数组的大小能够控制 for 循环的循环次数 N，其代表的意思将数组拆分成元素一个一个地进入到循环代码中去。同理，for 循环也可以将输出元素组成一个数组使用索引的方式进行输出，如图 6.9 所示。当数组输入到 for 循环使用索引的方式时，如果用户强制设置循环次数 N 的话，则其将按照最少的循环次数进行循环。

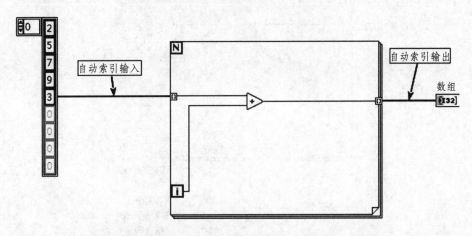

图 6.9 数组以自动索引方式输入和输出 for 循环

有时候，用户需要将数组一次性输入到 for 循环中，则需要在自动隧道处通过右键菜单中的"禁用索引"选项来实现，如图 6.10 所示。同理在数组输出的时候，也是一样通过右键菜单进行选取。

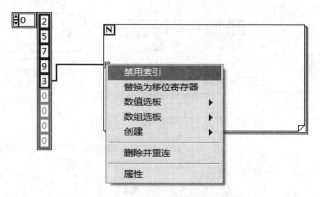

图 6.10　数组完整进入到 for 循环

对于二维数组来说，如果采用索引方式进入到 for 循环中，而最外层循环的是按二维数组的行来进行，内层循环是按二维数组的列来进行，多维数组以此类推。当多个数组都采用索引方式进入到 for 循环中时，循环次数 N 为最少的次数。

6.2.4　移位寄存器与反馈节点

在循环结构中经常用到一种数据处理方式，即把第 i 次循环执行的结果作为第 i + 1 次循环的输入，LabVIEW 采用移位寄存器来实现这种功能。在循环结构框左侧或右侧边框单击鼠标右键，在弹出的菜单中选择"添加移位寄存器"，如图 6.11 所示。它就是把上一次循环结果移动到下一次循环输入，如可利用移位寄存器求等差数列之和。需要注意的是，移位寄存器需要进行初始化赋值，否则可能导致 VI 的运行结果出现错误问题（见图 6.12）。

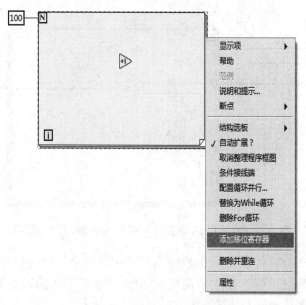

图 6.11　添加移位寄存器

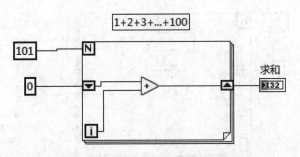

图 6.12 利用移位寄存器求等差数列之和

除了用移位寄存器可实现前后两次循环之间的数据交换外，用户还可以使用反馈节点来实现此功能。当程序架构比较复杂时，使用反馈节点可以使程序看起来比较简洁，能够增强可读性。反馈节点位于函数选板结构菜单中，如图 6.13 所示，用户同样使用反馈节点的时候，也需要初始化赋值，在反馈节点位置通过右键菜单选择"将初始化器移出一层循环"就可以进行初始化。反馈节点的使用示例如图 6.14 所示。

图 6.13 反馈节点

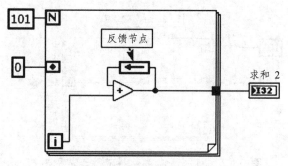

图 6.14 反馈节点的使用

6.3 while 循环

对于 for 循环，一般情况下循环次数是固定的（for 循环也可以添加条件接线端起到 break 作用，在循环次数未达到的情况下，提前结束循环）。在很多情况下，用户需要让循环在满足某种条件时退出或继续运行，这时就需要借助于 while 循环。while 循环是 LabVIEW 中经常会用到的一种程序结构。while 循环在函数选板中的位置如图 6.15 所示。

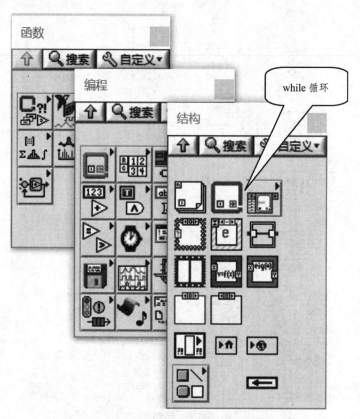

图 6.15 while 循环在函数选板中的位置

while 循环，先执行后判断，所以至少要循环一次，如图 6.16 所示。

循环次数

循环条件

图 6.16 while 循环

6.3.1 while 的自动索引

如果为一个进入 while 循环的数组启用自动索引，则 while 循环将对该数组组建索引。但是，while 循环只有在满足特定条件时才会停止执行，因此 while 循环的执行次数不受该数组大小的限制。当 while 循环索引超过输入数组的大小时，LabVIEW 会将该数组元素类型的默认值输入循环。循环次数过多可能会引起系统内存溢出。

通过使用"数组大小"函数可以防止将数组默认值传递到 while 循环中。"数组大小"函数显示数组中元素的个数。可设置 while 循环在循环次数等于数组大小时停止执行。在 while 循环中启用索引后，可以把外面的数组以单个数值的形式送到循环内部，把内部单个的值以数组的形式送出。否则外面和里面是同样的单个值进行。下面会编写一个实例说明。

6.3.2 添加定时器

LabVIEW 在执行 while 循环时，如果用户没有给它设定循环时间间隔，那么它将以 CPU 的极限速度运行，打开任务管理器可以查看此时 CPU 的占用率是非常高的，正常情况这样做比较危险，这样会导致程序跟"死掉"一样。

在很多情况下我们没有必要让 while 循环以最大的速度运行，所以最好给 while 循环添加时间间隔，有两种方法：一种是每个 while 循环中添加一个等待时间，只有等待完毕后才运行下一个循环；另外一种是使用定时循环。有两种等待定时器，它们都在"函数选板"/"编程"/"定时"选项下，一种是"等待" ，即等待一个指定的时间；另外一种是"等待下一个整数倍毫秒" ，即一直等到定时时间是设置时间的整数倍为止。大多数情况下这两种定时器作用是一样的。

6.4 条件结构

条件结构是一种由输入的条件进行选择执行分支的结构。它可以包含多个分支，第一个分支都有一个不同的程序进行条件。它类似于 C 语言中的 case 选择结构。当输入的条件符合某一条件的入口值时，程序就执行此条件结构内的程序。但它的执行是唯一的，不能同时执行两个或两个以上的分支。它的条件选择端可以是布尔量、数值、字符串等多种形式。

6.4.1 条件结构概念

条件结构是在程序多种条件下进行选择的最佳结构。它能最快最安全地选择要进入的分支独立执行。在创建它时，和前面几种结构一样，先在要创建的地方单击，再拖动鼠标，这就给出了条件结构的框图，如图 6.17 所示。

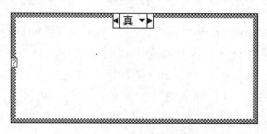

图 6.17 创建条件结构

条件结构左边中间有一个小问号，是条件结构的接线端。框图上面一条边线上有分支选择框。刚新建时默认为两个分支，一个为真，另一个为假。

6.4.2 分支设置

条件结构分支的设置为：右击结构边框，从弹出的快捷菜单中选择添加方式。这里有"在后面添加分支""在前面添加分支""复制分支""删除分支"等。这里选择"在后面添加分支"命令，如图 6.18 所示。

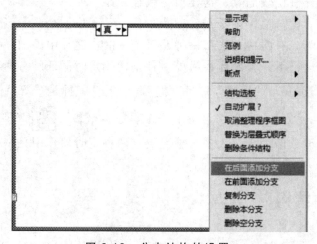

图 6.18 分支结构的设置

6.5 事件结构

某一指定事件发生时，就会执行相应框图中的程序。它包含一个或多个子程序框图，或事件分支。当结果执行时，仅有一个子程序框图或分支在执行。事件结构等待直至某一事件发生，并执行相应条件分支从而处理该事件。

6.5.1 事件结构的概念

事件结构是一种在程序运行时通过前面板可以改变程序执行方式的结构，如图6.19所示，也就是说，它可以改变数据流向。比如，当程序执行在中间时，有一个事件发生，引发一个事件结构，就可以调到程序前面去执行。这就很好地干涉了程序的执行。

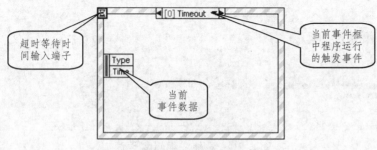

图 6.19　事件结构

在事件结构中，首先是一直等待事件的发生。在等待的这一过程中，可以并行地做其他工作。这样就起到了很好的时间和空间利用。当事件发生后，按照事物安排好的方式对事件响应。完成后又回到等待事件的初始状态。

在事件结构中，右击结构边框边缘，可添加新的分支并配置需处理哪些事件，如常见的布尔控件值改变事件。为事件结构边框左上角的"超时"连线端连接一个值，以指定事件结构等待某个事件发生的时间（以毫秒为单位），默认为"-1"，即永不超时。

6.5.2 事件结构的功能

使用事件结构，最大的方便就是可以随时"中断"系统。这也类似于其他编程中的中断，当有什么紧急情况或事件时，就可以做出响应，达到了对程序的可控性。它表示一个程序框图除了可以响应前面板的各种按钮之类的事件，也可以响应键盘键按下、鼠标点击等外设产生的事件。添加或编辑事件源步骤如图6.20所示。

事件结构是 LabVIEW 中常用的程序设计结构，本书专门以常见的收银台设计了一个综合示例程序：收银台收银时是采用扫码枪进行扫码收银，USB 接口的扫码枪主要是模拟键盘操作，在扫码完毕后在其后添加一个回车的字符，然后触发收银计算等程序，读者可根据此示例深入理解事件结构。

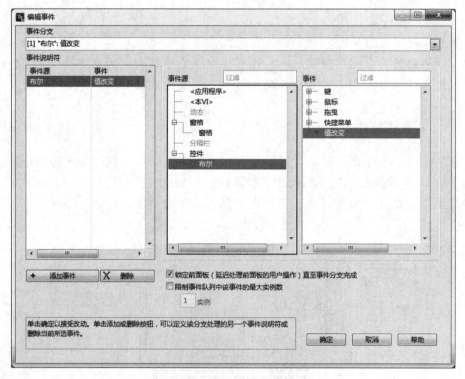

图 6.20　添加或编辑事件源

6.6　定时结构

定时结构是一个用时间来控制程序执行的结构。它包含有许多子时间函数，主要用来对循环的定时执行，做出响应。

6.6.1　定时结构概念

定时结构用于控制定时结构在执行其子程序框图、同步各定时结构的起始时间、创建定时源，以及创建定时源层次结构时的速度和优先级。定时结构通过"函数"/"编程"/"结构"/"定时结构"下拉列表打开，如图 6.21 所示。

6.6.2　定时结构的编程

下面以一个定时循环为例进行编程。编程的目标是通过定时循环在一定的时间内进行循环，当循环到第 30 次时，产生一个定时，当时间延时达到后，定时循环的延时完成输出端口会产生一个脉冲，让延时完成这一灯亮，同时还用到一个进度显示框，当达到 100% 时定时循环停止。下面将分步讲解具体操作过程。

图 6.21　定时结构在函数选板中的位置

　　第一步：先在前面板创建一个进度显示框和一个延时输入框，同时放置一个有延迟显示指示灯。

　　第二步：在程序框图中添加一个定时循环结构，把它的"延时完成？"端口和前面板的延时指示灯连接。

　　第三步：从定时循环的计数端口处输出一个值和常量 100 比较。若大于等于 100，则输出"真"，送到停止循环的端口停止循环，这也用了一种控制进度条显示方式，如图 6.22 所示。

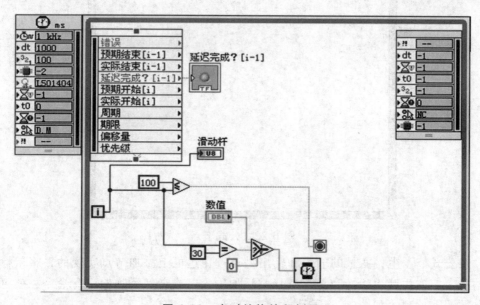

图 6.22　定时结构编程例子

6.7 公式节点

公式节点是对一些复杂的算法和公式进行编辑，能方便地为一些程序处理提供依据。在 LabVIEW 中，编程时只需要在公式节点中按一定的要求输入对应公式即可，这就简化了编程过程。

利用公式节点可以直接输入一个或者多个复杂的公式，而不用创建流程图的很多子程序。使用文本编辑工具来输入公式，创建公式节点的输入和输出端子的方法是，用鼠标右键单击，选择添加输入或添加输出。再在节点框中输入变量名称，注意变量名对大小写敏感。然后就可以在框中输入公式。每个公式语句都必须以分号";"结尾。

公式节点的帮助窗口中列出了可供公式节点使用的操作符、函数和语法规定。一般来说，它与 C 语言非常相似，大体上一个用 C 写的独立的程序块都可能用到公式节点中，但是仍然建议不要在一个公式节点中写过于复杂的代码程序。

6.7.1 公式节点的概念

公式节点是一个大小可变的方框，可以利用它直接在流程图中输入公式。从"函数选板"/"结构"中选择公式节点就可以把它放到流程图中。当某个等式有很多变量或者非常复杂时，这个功能就非常有用。

在公式节点中，创建一个公式节点，类似于循环结构。在程序框图界面画出公式节点区域，就可以进行公式编程，如图 6.23 所示。

图 6.23 公式节点

在公式节点中，变量的输入和输出是通过在边框上添加节点实现的，将鼠标放在边框上，右击弹出快捷菜单，选择"添加输入"或者"添加输出"命令，就可以增加输入和输出，如图 6.24 所示。

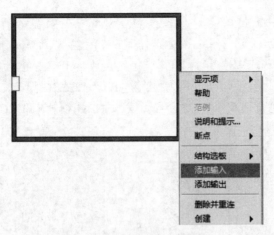

图 6.24 添加输入和输出

6.7.2 公式节点的语法

公式节点的语法类似于 C 语言中的编程语法。编程中每一句程序结束时，都必须加上一个分号作为结束。且任何一个命令都和 C 语言中的优先级一样。编程时要遵循这些语法。此公式节点的语法大体上涵盖了下列非终止结符号：复合语句、标识符、条件表达式、数字、数组大小、浮点型、整型等。编程中要注意以下规则。

（1）在框图上添加的变量不需要在程序中定义，其他要用到的变量都要定义，否则要报错。

（2）字符不能在公式节点中定义。

（3）数值的定义要有类型和长度。

（4）所有公式中用到的符号都可以在编程中直接使用。

（5）编程中可以用到 C 语言中的一些命令，比如 case、while、switch 等。

下面这个例子是通过文本编程语言实现分数前 20 项求和，如图 6.25 所示，可以看到其语言类似 C 语言语法。

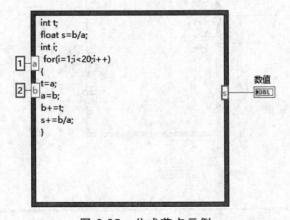

图 6.25 公式节点示例

注意：特别需要提出的是，公式节点在对有符号整型进行诸如左右逻辑移位（运算符>>，<<）、与、或、异或等逻辑操作时，是存在严重的 bug 问题，本书作者与互联网上各大 LabVIEW 论坛的网友进行过交流和验证，也在很早以前就向 NI 公司反馈过此 bug，本书提供了此 bug 的示例 vi，如图 6.26 所示，但可惜在 LabVIEW 最新版中一直未解决此问题，故读者在做类似 CRC 校验或 LRC 校验等含有大量逻辑运算时，要避免使用公式节点。

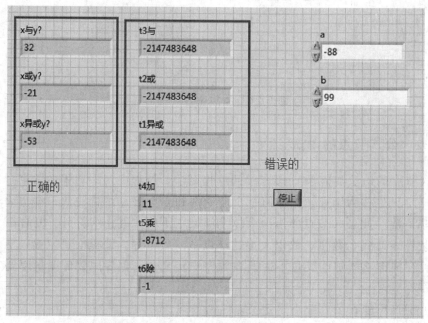

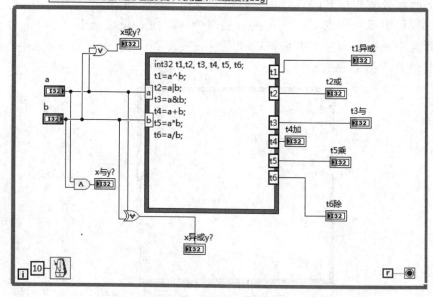

图 6.26　公式节点 bug

思考与练习

1. 利用顺序结构和定时函数面板下的 tick count VI，计算 for 循环 1 000 000 次所需的时间。

2. 利用顺序结构和循环结构写一个跑马灯，如题图 6.1 所示，5 个灯从左到右不停地轮流点亮，闪烁间隔由滑动条调节。

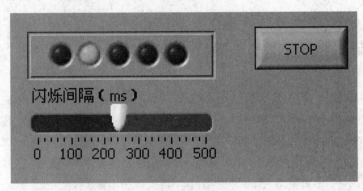

题图 6.1

3. 给出一百分制成绩，要求输出等级 A、B、C、D、E。90 分以上为 A，80～89 为 B，70～79 为 C，60～69 为 D，60 分以下为 E。

4. 利用事件结构实现在数字输入控件中，每当用户按下一个数字后，累加值就将新数字累加上去。例如，按下 34 时，累加值为 7；按下 345 时，累加值为 12...如题图 6.2 所示。

题图 6.2

7 波形图表

7.1 波形图和波形图表简介

波形图或波形图表用于图形化显示采集或生成的数据。波形图和波形图表的区别在于各自不同的数据显示和更新方式。含有波形图的 VI 通常先将数据采集到数组中，再将数据绘制到图形中。该过程类似于电子表格，即先存储数据再生成数据的曲线。数据绘制到波形图上时，其不显示之前绘制的数据而只显示当前的新数据。波形图一般用于连续采集数据的快速过程。

与波形图相反，波形图表将新的数据点追加到已显示的数据点上以形成历史记录。在波形图表中，可结合先前采集到的数据查看当前读数或测量值。当波形图表中新增数据点时，其将会滚动显示，即波形图表右侧出现新数据点，同时旧数据点在左侧消失。波形图表一般用于每秒只增加少量数据点的"慢速过程"。

波形图和波形图表通过在前面板—控件选板—图形菜单中，选择"波形图"和"波形图表"进行创建。

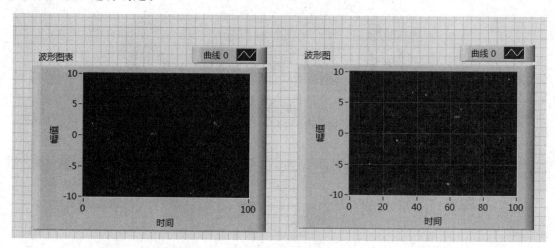

（a）波形图表   （b）波形图

图 7.1 波形图表和波形图

波形图表与波形图控件的右键菜单，最明显的区别是其存在可以设置的图表历史长度信息，默认是 1024 个数据点数，如图 7.2 所示。

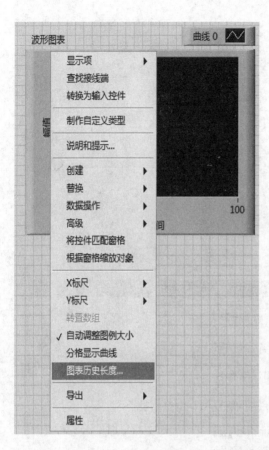

图 7.2　波形图表的图表历史长度设置

　　波形图和波形图表的具体使用，可以参考 labview\examples\Controls and Indicators\Graphs and Charts 范例，相对来说比较简单。示例如图 7.3 所示。

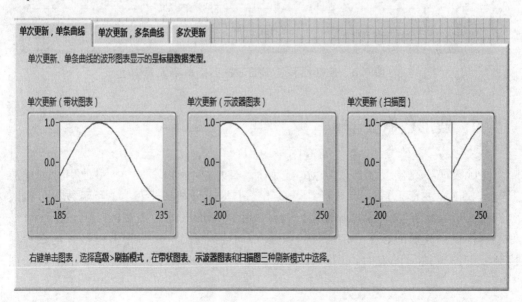

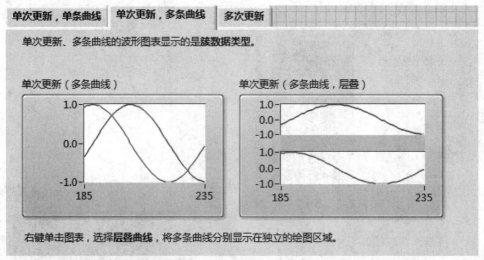

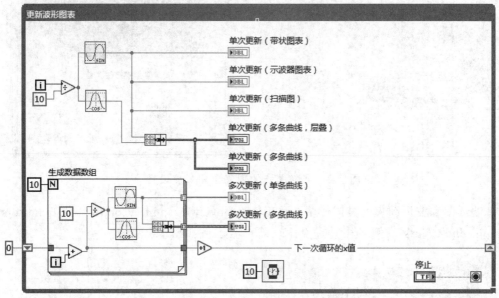

图 7.3　波形图和波形图表的多条曲线显示

7.2　波形数据类型

波形数据类型包含波形的数据、起始时间和时间间隔（Δt）。可使用"创建波形"函数创建波形。默认状态下，很多用于采集或分析波形的 VI 和函数都可接收和返回波形数据类型。将波形数据连接到一个波形图或波形图表时，该波形图或波形图表将根据波形的数据、起始时间和 Δx 自动绘制波形。将一个波形数据的数组连接到波形图或波形图表时该图形或图表会自动绘制所有波形。波形常用函数如图7.4 所示。

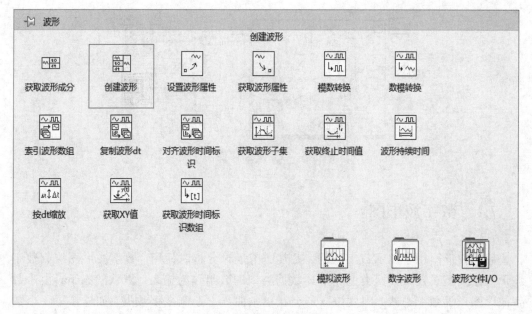

图 7.4　波形常用函数

7.3　XY 图

　　XY 图是通用的笛卡儿绘图对象，用于绘制多值函数，如圆形或具有可变时基的波形。XY 图可显示任何均匀采样或非均匀采样的点的集合。

　　XY 图中可显示 Nyquist 平面、Nichols 平面、S 平面和 Z 平面。上述平面的线和标签的颜色与笛卡儿线相同，且平面的标签字体无法修改。XY 图控件使用如图7.5 所示。

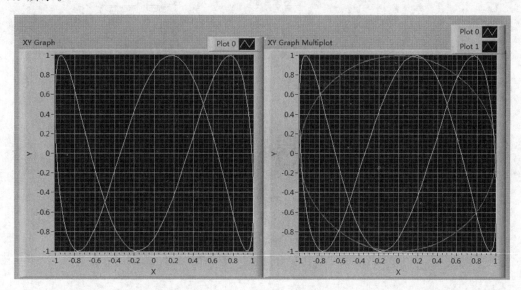

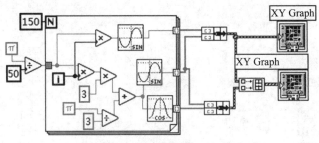

图 7.5　XY 图控件使用

7.4　数字波形图

数字波形图用于显示数字数据，尤其适于逻辑分析时使用。数字波形图接收数字波形数据类型、数字数据类型和上述数据类型的数组作为输入。默认状态下，由于数字波形图压缩数字总线，因此该图形会在单条曲线上绘制数字数据。如连接了一个数字数据数组，则数字波形图将按照数组的顺序为每个数组元素绘制不同的曲线。

以下前面板中的数字波形图显示了在单条曲线上绘制数字数据。VI 将数字数组中的数字转换为数字数据，然后在二进制表示法数字数据显示控件中显示这些数字的二进制表示。在该数字图形中，数字 0 以无顶部直线的形式表示所有数字位的值为零。而数字 255 则以无底部直线的形式来表示所有二进制位的值为 1。

以图 7.6 为例，可以看出其数字波形的读法为竖起式读法，如行 5 代表着第一个数的最高位，数字数据中序号为 0 的数，其二进制为"00 0010"，而在数字波形中 X 轴时间为 0 时，从行 5 到行 0 的数据二进制也为"00 0010"，与图中红框所示一致。

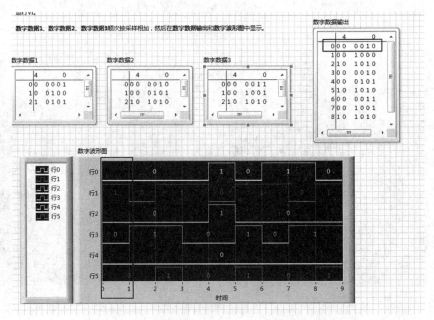

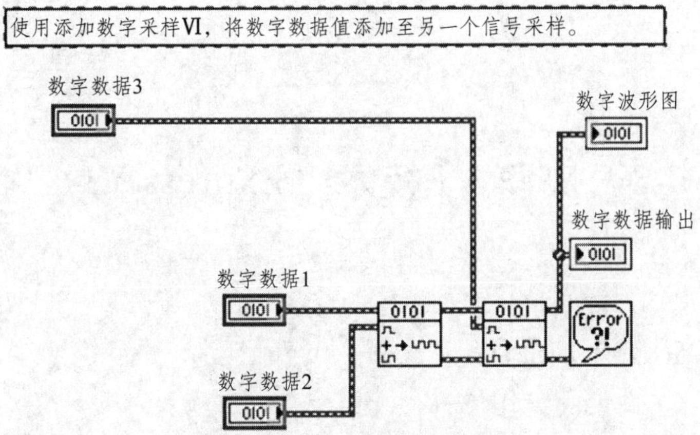
使用添加数字采样VI，将数字数据值添加至另一个信号采样。
数字数据3
数字波形图
数字数据输出
数字数据1
数字数据2
Error
?!

图 7.6 数字波形控件使用

7.5 小 结

本章简要介绍了常用的几种波形控件的基本使用。当大家具体应用时，应根据实际的需要来使用图形控件。其他的图形控件，如 3D 控件以及混合控件并不常用，读者可根据 LabVIEW 帮助文件，自行学习。

8 快速 VI 技术（Express VI）

8.1 Express VI 简介

LabVIEW 大部分 Express VI 可以在函数选板"Express"中找到，如图 8.1 所示。它们的共同特点是能简单快速地通过对话框等方式建立程序。

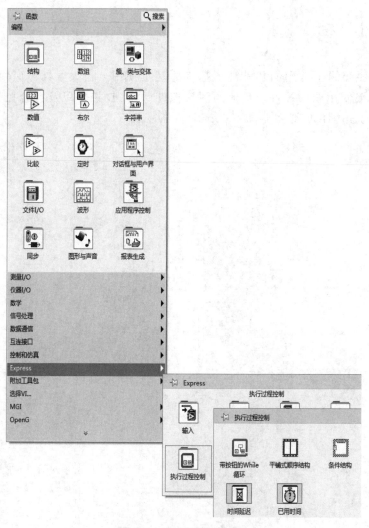

图 8.1 Express 函数

Express VI 在使用时，通常都配有一个配置对话框，如图 8.2 所示，用于设定程序运行时用到的一些数据，这样就不必在程序框图上输入数据，因此简化了程序框图。Express VI 可以称作快速编程技术，如基本的数据采集显示程序，仅需使用几个 Express VI 就可以实现。加之用对话框方式输入参数，因此使用它编程也比较简单。

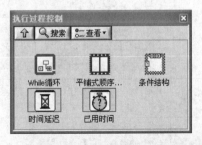

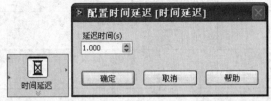

图 8.2　时间延迟 Express VI 及其配置对话框

虽然 Express VI 的功能强大、使用便捷，但其运行效率较低。因为有时应用程序的功能可能比较简单，但是其调用的 Express VI 中包含了应用程序用不到的功能。由于这部分功能也占用内存空间，这会影响程序的运行速度。故对于效率和实时性要求较高的程序，不适合使用 Express VI。

8.2　Express VI 的创建

Express VI 可以通过前面板或程序框图的右键菜单进行创建，其中通过程序框图的函数选板进行创建较为常见。

程序框图中的 Express 菜单中包含的 Express VI 如图 8.3 所示。

图 8.3　函数选板中的 Express 菜单

通过表 8.1 中的各种 Express VI 函数，用户可以快速搭建应用程序。这里以一个常见的波形发生器和滤波器进行示例。

表 8.1　Express VI 函数内容

函数内容	说　明
输出 Express VI	输出 Express VI 用于将数据保存到文件、生成报表、输出实际信号、与仪器通信以及向用户提示信息
输入 Express VI	输入 Express VI 用于收集数据、采集信号或仿真信号
算术与比较 Express VI	算术与比较 Express VI 和函数用于执行算术运算，以及对布尔、字符串及数值进行比较
信号操作 Express VI	信号操作 Express VI 用于对信号进行操作，以及执行数据类型转换
信号分析 Express VI	信号分析 Express VI 用于进行波形测量、波形生成和信号处理
执行过程控制 Express VI 和函数	执行过程控制 Express VI 和结构可用在 VI 中添加定时结构，控制 VI 的执行过程

将"函数选板"/"Express"/"输入"/"仿真信号"以及"函数选板"/"Express"/"信号分析"/"滤波器"这两个 Express VI 函数放置到程序框图，并按如下程序及前面板设计，如图 8.4 所示。

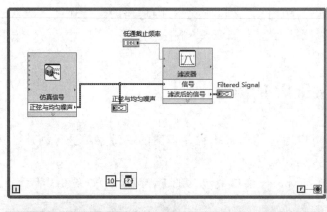

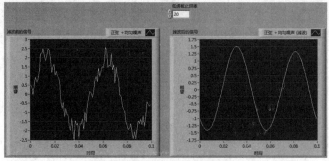

图 8.4　低通滤波器设计

双击仿真信号函数，将仿真信号设置为 20 Hz 并带有 0.6 幅值的白噪声，如图 8.5 所示。

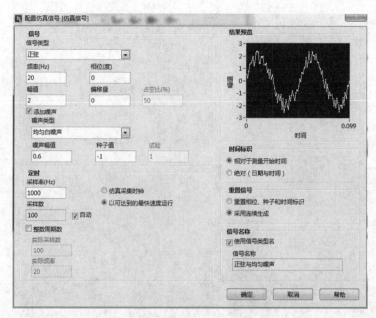

图 8.5　带有白噪声的正弦波

双击滤波器函数，将滤波器设置为低通滤波，截止频率可以通过输入控件设置为 25 Hz，最终通过图 8.4 的前面板可以看到滤波后的波形与原波形相比频域为 20 Hz，幅域有一定的正常衰减，如图 8.6 所示。可以看出，通过 Express VI 函数可以很快完成信号处理任务。

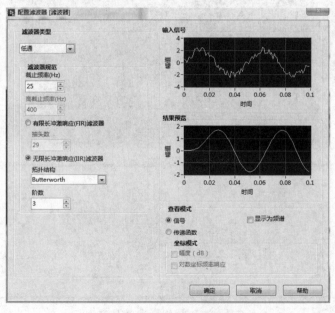

图 8.6　滤波器参数设置

8.3 波形分析示例

利用 Express VI 函数可以非常方便地进行波形分析工作，如求取波形的幅值、频率和相位等信息。将"函数选板"/"Express"/"输入"/"仿真信号"以及"函数选板"/"Express"/"信号分析"/"播放波形"，这两个 Express VI 函数放置到程序框图，并设置和创建波形图表以及仿真信号为正弦波和两个旋钮分别接到正弦波的频率和幅值上，如图 8.7 所示。

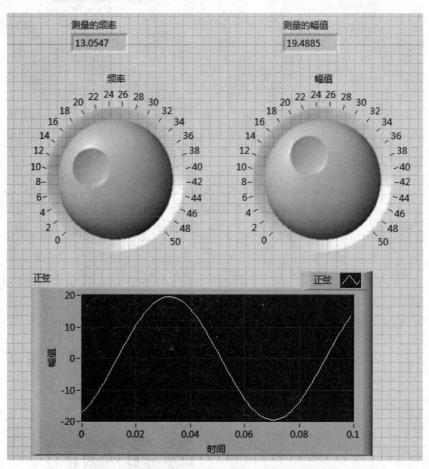

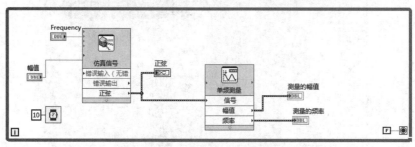

图 8.7　波形分析求取幅值和频率

可以看到通过"单频测量"函数，就可以很准确地获得采集到的波形的频率和幅值等信息，其中"单频测量"函数设置如图 8.8 所示。

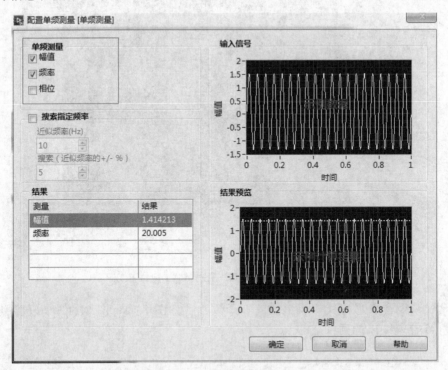

图 8.8　"单频测量"函数设置

8.4　声音录制播放 Express VI 示例

Express VI 函数还提供了快速的声音录制和播放函数。将"函数选板"/"Express"/"输入"/"声音采集"以及"函数选板"/"Express"/"输出"/"播放波形"，两个 Express VI 函数放置到程序框图，设置顺序结构及录制 5 秒的声音，如图 8.9 所示。

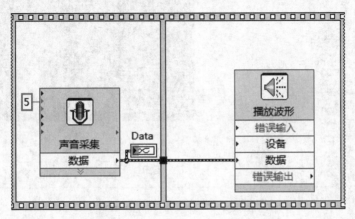

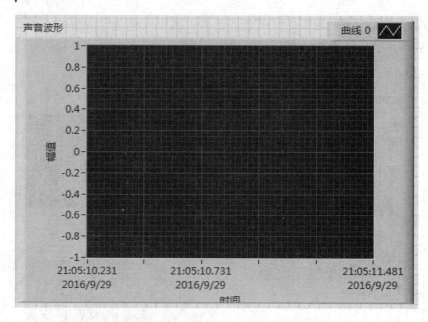

图 8.9　录制声音并播放 VI 前面板

　　设置"声音采集"及"波形播放"函数参数如图 8.10、图 8.11 所示，注意需要计算机带有麦克风的硬件。

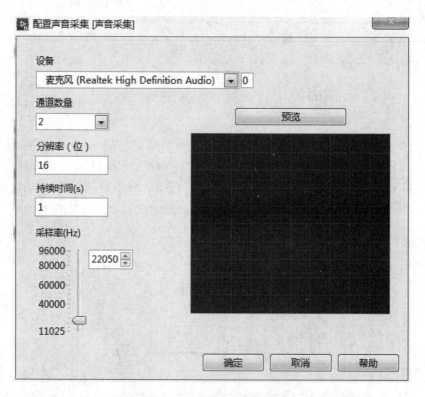

图 8.10　声音采集参数设置

图 8.11　波形播放参数设置

最终点击"运行"，用户可以通过麦克风录制 5 秒自己的声音，然后通过前面板波形图表可以看到声音的波形，并最终播放出来。

8.5　弹出信息录入框 Express VI 示例

Express VI 函数提供了快速的弹出式用户输入对话框方式，将"函数选板"/"Express"/"输入"/"提示用户输入"放置到程序框图，如图 8.12 所示。

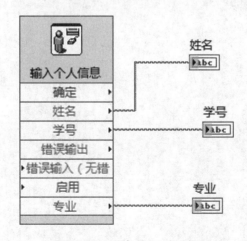

图 8.12　用户录入对话框

当点击"运行"时，用户就可以通过用户的录入对话框来获取信息，进行各种编程操作，运行效果如图 8.13 所示。

图 8.13　用户录入对话框信息获取

8.6　小　结

通过以上各种示例，用户可以看到 Express VI 函数多是采用对话框式的参数设置进行编程，这极大地方便了一般用户的快速搭建程序框图，同时在一些复杂的底层设备控制上，如声音的录制，都可以很方便地使用 Express VI 技术，并进行相关的程序设计。

9 创建子 VI 及 VI 属性

9.1 创建子 VI

子 VI 是供其他 VI 使用的模块式 VI，与子程序类似。子 VI 是层次化和模块化设计的关键组件，它能使整个程序易于调试和维护。使用子 VI 是一种有效的编程技术，因为它允许在不同的场合重复使用相同的代码。LabVIEW 的分层特性就是在一个子 VI 中能够调用到另一个子 VI。

子 VI 的控件和函数从调用该 VI 的程序框图中接收数据，并将数据返回至该程序框图。如需创建一个被调用的子 VI，单击函数选板上的选择 VI 图标或文本，找到目标 VI 并双击，即可将该 VI 放置在程序框图上。用操作或定位工具双击程序框图上的子 VI，即可编辑该 VI。保存子 VI 时，子 VI 的改动将影响到所有调用该子 VI 的程序，而不只是当前程序。任何 VI 本身就可以作为子 VI 被其他 VI 调用，只需定义连线板的接线端和 VI 图标，如图 9.1 所示。

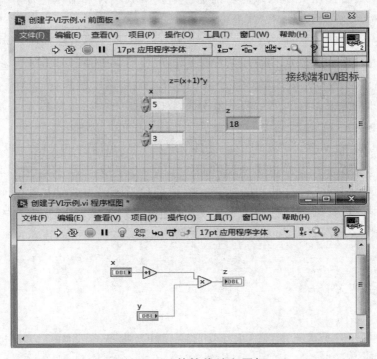

图 9.1　VI 的接线端和图标

在 VI 的接线端上只需要对应点击接线端的端子,然后再点击对应的前面板上的控件就可以建立子 VI 的输入输出参数, 如图 9.2 所示。

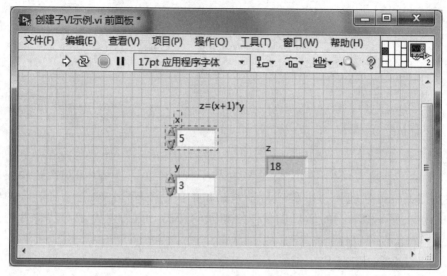

图 9.2　建立接线端对应的控件

连线板集合了 VI 各个接线端,与前面板的控件对应。连线板标明了可与该 VI 连接的输入端和输出端,以便将该 VI 作为子 VI 调用。连线板在其输入端接收数据,然后通过前面板控件将数据传输至程序框图的代码中,从前面板的显示控件中接收运算结果并传递至其输出端。将前面板上的输入控件和显示控件分配至连线板的每个接线端,就可以定义子 VI 的输入和输出。

默认的连线板模式为 4-2-2-4。在连线板上右键可以选择其他已有模式的连线板,也可以进行删除和添加接线端的操作,也可保留多余的接线端不进行使用。连线板中最多可设置 28 个接线端。如子 VI 的输入端和输出端超过 28 个,可将其中的一些对象打包为一个簇,然后将该簇分配至连线板上的一个接线端,以减少接线端的数量占用。

为方便其他 VI 调用子 VI 时的可读性,还需定义和编辑子 VI 的图标,双击图 9.1 中 VI 图标位置,就可弹出图标编辑器,如图 9.3 所示,VI 图标编辑器的操作类似 Windows 的画图板,可以利用图标文本或符号和画图的方式来描述子 VI 的功能,以提高整个程序设计的可读性。也可从硬盘中拖动一个图形文件放置在 VI 图标处。LabVIEW 会将该图形转换为 32 × 32 像素的图标。

9.2　多态 VI

多态 VI 可在一个输入端或输出端接收不同的数据类型。多态 VI 是具有相同模式连线板的子 VI 的集合。该集合中的每个 VI 均为多态 VI 的一个程序实例。其实

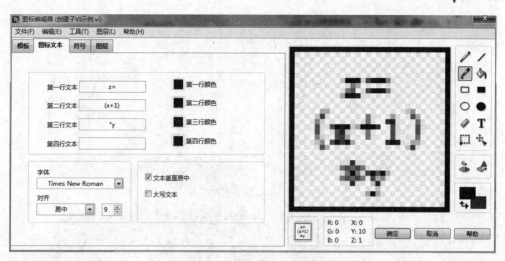

图 9.3　VI 图标编辑器

很多 LabVIEW 自带的基础 VI 就是多态 VI，例如：复合运算就是一个多态 VI，其默认值接线端可以接收的数据类型有布尔、双精度浮点数、32 位有符号整型、字符串或 32 位无符号整型。示例如图 9.4 所示。

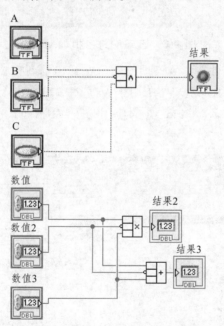

图 9.4　基础 VI 的多态 VI 示例

　　这里以一个能实现"数值相加"和"字符串相加（拼接）"的"相加"多态 VI，来演示整个多态 VI 的创建过程。
　　（1）创建"数值相加.vi"实现数值相加功能，如图 9.5 所示。
　　（2）创建"字符串相加.vi"实现字符串拼接功能，如图 9.6 所示。

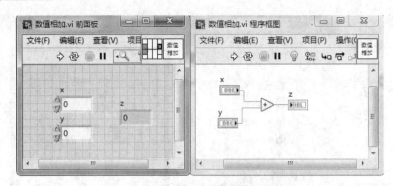

图 9.5　创建数值相加.vi

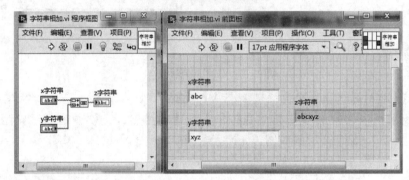

图 9.6　创建字符串相加.vi

（3）前面板点击"文件"/"新建"，然后在弹出的新建窗口中，选择多态 VI，在弹出的窗口中，进行添加多态 VI 所用子 VI，并编辑多态 VI 的图标，最后保存为多态相加.vi，如图 9.7 所示。多态 VI 的使用与子 VI 相同，可以通过拖拽的方式添加到程序框图中。

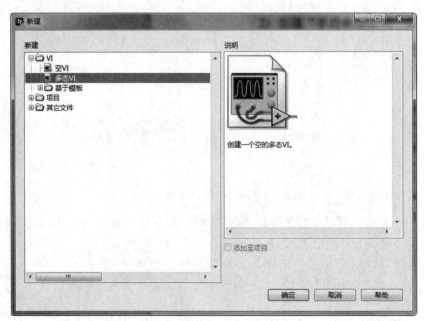

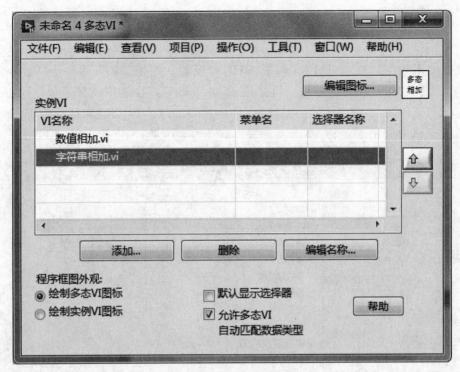

图 9.7　新建并保存多态 VI

对于绝大多数多态 VI，连接到 VI 输入端的数据类型决定了使用何种实例。如果多态 VI 中没有任何实例与其连接的数据类型兼容，则会出现断线。若连到多态 VI 的数据类型不能决定使用哪个实例，则必须手动选择实例。如果在多态 VI 中手动选择实例，则该 VI 将不再是多态 VI，因为它将只接收和返回选中的数据类型。如需手动选择实例，右键单击多态 VI，在快捷菜单中选择选择类型，然后选择所需实例。

9.3　多态 VI 注意事项

多态 VI 只能处理有限种数据类型。因为它只能处理实例 VI 中处理了的那些数据类型，而数据的类型是无限的，比如：包含两个整数的簇是一种数据类型，包含三个整数的簇就变成了另一种数据类型，包含三个字符串的簇又是一种新类型。

多态 VI 的每个实例 VI 可以是完全不同的，前面板、程序框图、使用的子 VI 等等都可以完全不同。但为了便于用户理解，一个多态 VI 应该就是处理某一种算法或逻辑的，其每个实例 VI 负责一种数据类型。并且，为了便于用户在不同的数据类型之间切换，每个实例 VI 的接线端的接线方式都应当保持一致。同时多态 VI 不能嵌套使用，一个多态 VI 不能作为其他多态 VI 的实例 VI。

9.4 VI 属性

根据应用程序的要求可对 VI 和子 VI 进行配置。例如，如需将一个 VI 作为子 VI 使用，该子 VI 要求用户输入，可将该子 VI 设置为每次调用时都显示前面板。

选择"文件"/"VI 属性"，配置 VI 的外观和动作。VI 属性对话框顶部的"类别"下拉菜单中列出了各种 VI 选项设置，如图 9.8 所示。

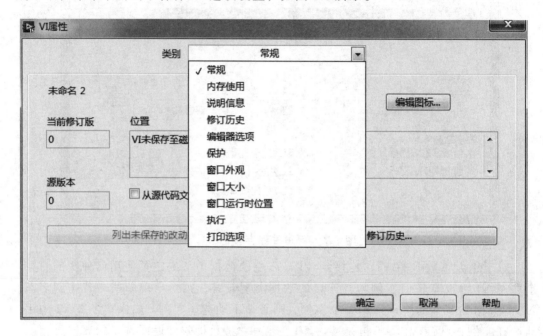

图 9.8 VI 属性设置

VI 属性对话框包括下列选项：

（1）常规：显示 VI 保存的当前路径、修订号、修订记录，以及自该 VI 上次保存以来所作的任何修改信息，也可在该页上编辑 VI 图标。

（2）说明信息：用于添加说明，并链接至相关帮助文件主题。

（3）编辑器选项：选项用于设置当前 VI 对齐网格的大小，改变控件样式。

（4）保护：用于锁定 VI 或通过密码保护 VI。

（5）窗口外观：用于自定义 VI 的窗口外观，如窗口标题和样式。

（6）窗口大小：用于设置窗口的大小。

（7）执行：用于定义如何运行 VI。例如，将 VI 置为打开时立即运行，或配置为作为子 VI 被调用时暂停运行。

注意：在窗口大小设置中的"使用不同分辨率显示器时保持窗口比例"功能是有 bug 存在的，如图 9.9 所示，而在实际使用中只有一些控件可以随着大小变化，像文字、字符显示框等等都不能变化，因此导致整个界面都产生变形。

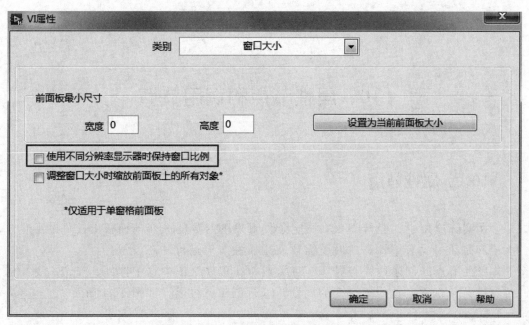

图 9.9　保持窗口比例功能存在 bug

同时 LabVIEW 也存在字体使用 bug，当区域和语言选项里面格式选项选择为中文，会有大部分字体无法使用的 bug，而设置成英文时，会有能删除半个字的 bug，并且文本框自适应文本大小的时候也偏小，导致文字显示不全。

9.5　小　结

本章简要介绍了子 VI 和多态 VI 的创建过程，并详细介绍了多态 VI 在使用过程中可能存在的问题，同时也介绍了 VI 属性的设置，能帮助用户创建能够满足其他程序复用的子 VI。

10 属性节点和调用节点

10.1 属性节点

在实际应用中，经常需要在一定条件触发的时候能改变前面板上控件的颜色、大小和是否可见等属性。这时就需要使用属性节点进行动态设置。

属性节点的创建过程与局部变量类似，在程序框图中选中控件，点击右键，通过右键菜单选取合适的要改变的属性，进行创建就可以，如图 10.1 所示。

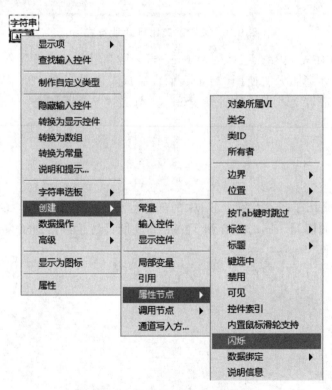

图 10.1 属性节点的创建过程

属性节点有写入和读取两种形式的赋值方法。用户也可以添加多个元素，让一个属性节点中包含有一个控件的多个属性，进行编程，其都是通过右键菜单进行选择，如图 10.2 所示。属性节点的复制与局部变量类似，都需要通过按住键盘的 Ctrl+鼠标左键拖动的方式进行复制，不能采用 Ctrl+C 的方法进行复制。

注意：Ctrl+鼠标左键拖动的复制方式如果不能成功的话，有可能是 LabVIEW 与某些词典类软件的鼠标取词功能冲突造成的，解决方法为关闭鼠标取词或者关闭词典类软件。

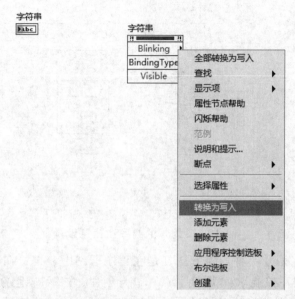

图 10.2　字符串控件闪烁和可见的属性节点

大部分控件的基本属性类似，主要有：

（1）可见性 Visible：数据类型为布尔型。

（2）状态 Disabled：在可视状态下，当输入 0 或 1 时，用户可以访问面板上的对象；当输入 2 时，用户不可访问对象。

（3）焦点状态 Key Focus：设置键盘焦点状态数据类型为布尔型。

（4）闪烁（Blinking）：数据类型为布尔型，对象的闪烁速度和颜色在 Vi 运行状态下，它们的属性值就不能进行设置。设置对象的闪烁速度和颜色的方法是：在 LabVIEW 主选单"工具"中选择"选项"，弹出一个对话框，如图 10.3 所示。

（5）大小 Size：数据类型为簇，单位是像素。

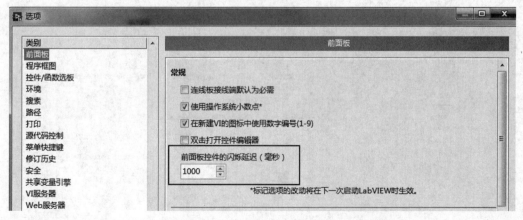

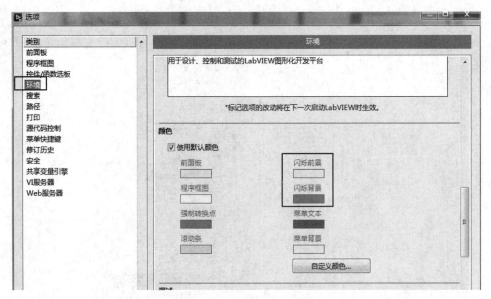

图 10.3 闪烁的频率和颜色设置

　　属性节点还有另外一种创建方法，是在程序框图中右键，在函数选板中，选择"编程"/"应用程序控制"/"属性节点"进行创建，然后右键该属性节点，选择链接至相关的前面板控件就可以了，同时属性节点可以通过鼠标进行拉长，这样在一个属性节点上就可以显示和设置多个属性，如图 10.4 所示。

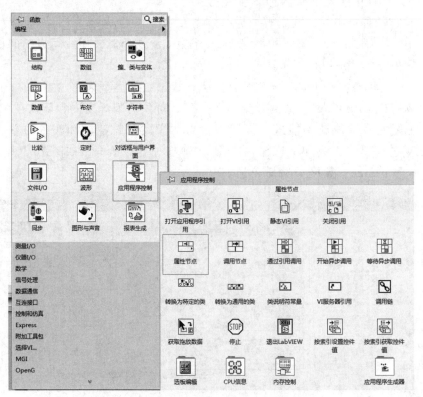

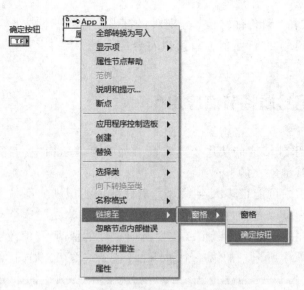

图 10.4　属性节点的另一种创建方式

10.2　常用属性节点应用

属性节点的简单应用，可以通过报警示例进行演示。当按动"触发按钮"时，可以看到前面显示出字符串控件，并且此控件开始进行闪烁，具体如图 10.5 所示。

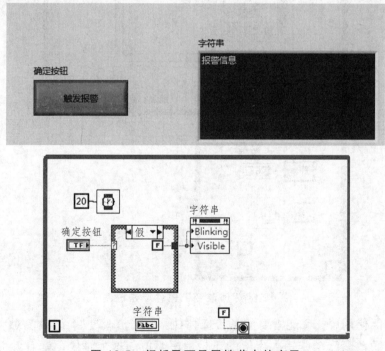

图 10.5　闪烁及可见属性节点的应用

通过"确定按钮"和条件结构，分别对字符串控件的属性节点"闪烁"（Blinking）和"可见"（Visible）进行赋值，就可以符合应用场合要求。

10.3　值信号属性节点应用

LabVIEW 中事件结构的使用率非常高，而在事件结构中，"值改变"信号的使用频率更是多于其他触发源。

但在实际使用中可能很多人会发现，事件结构能识别的都是人为触发源，也就是说，只有用户手动改变控件的值时，才会触发"值改变"这个动作。而当赋值动作（对控件或控件的局部变量赋值）改变对应控件的值时，"值改变"事件是无法被触发的，数值控件中所记录的第一个循环的 i 值始终是 0，如图 10.6 所示。

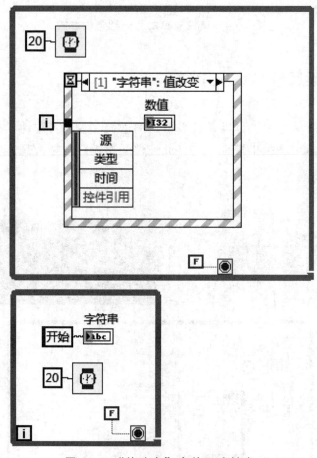

图 10.6　"值改变"事件无法触发

但在实际使用中，可能需要的是目标控件一旦"值改变"，就激发对应事件，而不管这个"值改变"动作是人为给的还是程序赋值。这个时候，就需要用到控件的

"值信号"属性节点将值改变的数据直接接到该节点上，你会发现，该控件对应的"值改变"事件，在没有人为动作的情况下，同样顺利触发。

注意："值信号"会对所有的赋值动作做出响应，也就是说，即使赋给的值等于控件原来的值，"值改变"事件同样会被触发，即对于该节点，赋值动作就是一个事件触发条件，如图 10.7 所示。

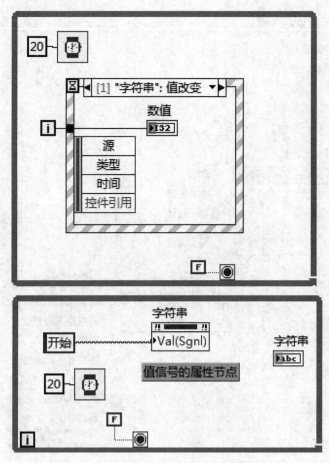

图 10.7 "值信号"属性节点触发事件

10.4 调用节点

调用节点与属性节点区别：在高级编程语言中，可以将调用节点比作控件的一个函数，它会执行一定的动作，有时还要有输入参数或返回数据。如：人的眼睛是一个控件的话，那么眼睛的大小或者颜色，就是眼睛的属性节点，而眼睛的张开和关闭之类的动作，就是眼睛的调用节点。

调用节点的创建过程与局部变量类似，在程序框图中选中控件，点击右键，通过右键菜单选取合适的要调用节点，进行创建就可以了，如图 10.8 所示。另一种就是通过函数选板进行创建，这与属性节点类似，就不再做赘述。

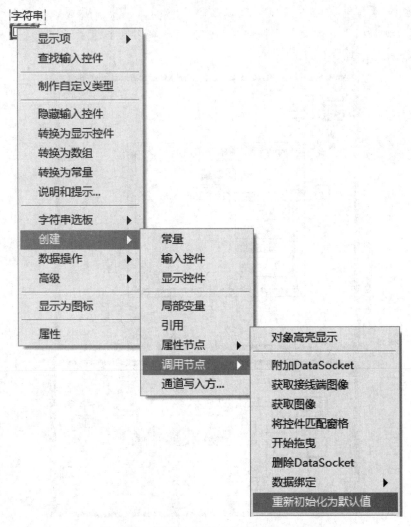

图 10.8　字符串控件的调用节点示例

10.5　属性节点和调用节点应用示例——点菜宝

在一般的简易点菜宝的界面中，会在一个表格上面布满一些已写好的菜品和价格，如图 10.9 所示。当顾客点菜时，收银员在表格点击相应位置，就可以显示好相应菜品。本节只介绍点菜宝的点菜过程的应用示例，读者可以自己综合一下前面所做的简易收银台示例以及相应的字符串函数的应用，就可以完成一般餐厅所用的点菜系统软件。

菜单					
101 西红柿炒鸡蛋 10元	102 鱼香肉丝 12元	103 红烧肉 15元	104 红烧肥肠 15元	105 鸡蛋面 6元	106 牛肉面 10元
107 蛋炒饭 8元	108 狮子头 10元	109 红烧鱼 12元	110 牛肉汤 13元	111 鸡腿套饭 15元	112 鸡排套饭 15元

当前点菜
102
鱼香肉丝
12元

图 10.9　点菜宝前面板

　　在前面板创建一个表格控件后，其初始化的过程为：首先在表格编写应有的菜品的价格参数等，然后通过表格的属性节点中的"禁用"功能防止表格已有菜品信息被更改，再通过表格的属性节点的"行数"和"列数"设置显示的表格大小为 6 行 6 列，最后通过一个二重 for 循环，利用表格的属性节点中的"活动单元格"和"活动单元格大小"，将每个元素的显示大小设置为 80×80 像素大小。示例如图 10.10 所示。

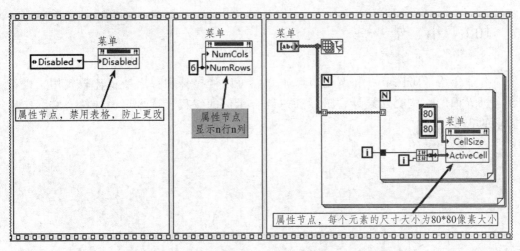

图 10.10　利用菜单表格属性节点进行初始化

通过鼠标点击菜单表格中的菜单信息后，将其显示到当前点菜的控件中的思路为：创建一个事件结构，添加菜单控件的"鼠标按下"事件，然后在菜单控件中调用节点中的"点到行列"，将事件的坐标连到"点到行列"的节点中的"Point"处，就可以通过"CellPosition"获取鼠标点到菜品在菜单表格中的坐标，然后再通过数组的索引函数，就可以获取收银员点击的菜单中的菜品信息，示例如图 10.11 所示。

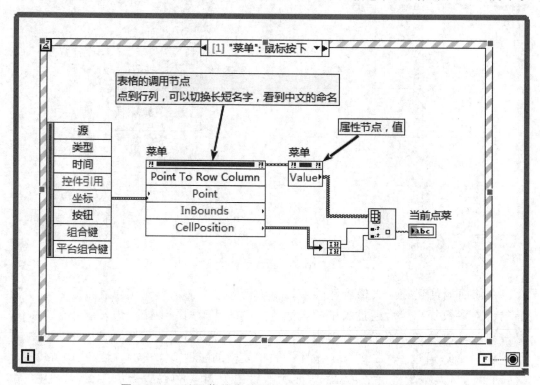

图 10.11　利用菜单表格调用节点输出已点菜品信息

10.6　小　结

本章介绍了属性节点和调用节点，它们可以让控件和程序变得比较实用，以符合人机界面的一些交互设计，最后通过综合示例的编程，读者可设计符合实际应用需求的程序。

11　文件 IO

11.1　常见的文件类型及函数位置

LabVIEW 支持的文件类型有：文本文件、表单文件，二进制文件、配置文件（ini文件）、波形文件等。下面详细介绍常见的几种文件类型。

（1）文本文件。

文本文件是一种典型的顺序文件，其逻辑结构属于流式文件。特别的是，文本文件是指以 ASCII 码方式（也称文本方式）存储的文件，简单地说，英文、数字等字符存储的是 ASCII 码，而汉字存储的是机内码。文本文件中除了存储文件有效字符信息（包括能用 ASCII 码字符表示的回车、换行等信息）外，不能存储其他任何信息。常见的后缀为 txt 的文件，就是文本文件的一种。文本文件的优点是通用性很强，其内容很容易被 Word 或 Windows 系统自带的记事本等直接读取，但其消耗的硬盘空间相对较大，读写速度较慢，不能随意地在指定位置写入或读出数据。如果需要将数据存储为文本文件必须先将数据转换为字符串才能存储。

（2）电子表格文件。

电子表格文件也是以 ASCII 码方式来存储数据的，但它是一种特殊的文本文件。与普通的文本文件相比，它在格式中加入了一些特殊的标记，如用制表符来做分隔符，以便让一些电子表格处理工具（Excel）可以直接处理文件中的数据。

（3）二进制文件。

二进制文件是最有效率的一种文件存储格式，它占用的硬盘空间最少而且读写速度最快，其存储时不需要进行格式转换，但其无法直接被 Word 或记事本之类的软件读取，因此通用性较差。

（4）配置文件（ini 文件）。

配置文件（ini 文件）是应用软件初始化文件，它统管软件的各项配置，由节、键、值组成，可以用记事本软件进行编辑。在不修改应用软件源代码的时候，用户通过修改 ini 配置应用软件实现不同用户的要求，减少软件开发的工作量。

（5）波形文件。

波形文件是一种特殊的数据文件，它保存了波形的一些基本信息，如波形发生的时间、采样的时间间隔等。

LabVIEW 中与文件 IO 相关的函数在"函数选板"/"编程"/"文件 IO"菜单中，如图 11.1 所示。

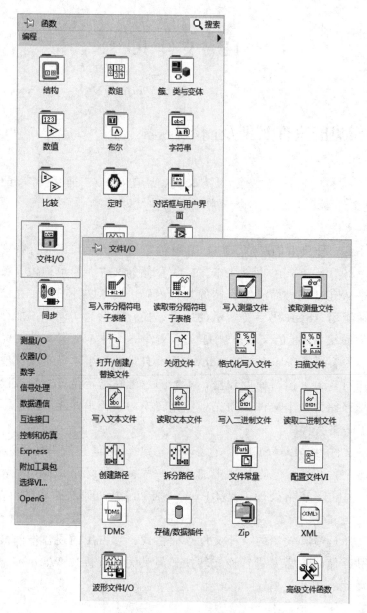

图 11.1 文件 IO 函数

11.2 文本文件 IO

文本文件（txt 文件）是最常见的文件格式。在 LabVIEW 中对文本文件的写入和读取是通过"写入文本文件"和"读取文本文件"这两个函数来完成的。

11.2.1　写入文本文件

"写入文本文件"是将字符串 ASCII 码形式的数据写入到文本文件中，所以要先将数据转化为字符串后，才能写入到文本文件中。具体示例如图 11.2 所示。

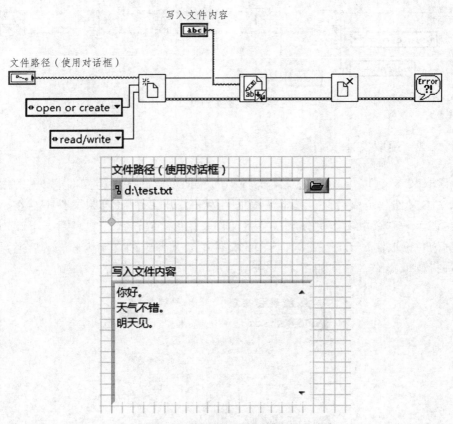

图 11.2　写入字符串数据到文本文件中

此程序首先采用一个"打开/创建/替换文件"函数，设置一个默认路径和文件名为"d:\test.txt"，其作用为在 D 盘根目录下创建一个 test.txt 文件，然后利用"写入文本文件"函数，将"写入文件内容"的字符串控件中的字符串写入到 test.txt 文件中，最后利用"关闭文件"函数，将 test.txt 文件关闭，避免此程序对 test.txt 的占用。

从示例中，可以看到 LabVIEW 对文件操作的基本流程框架为"打开文件"（如果文件不存在，则创建此文件）—"将数据写入到文件中"—"将文件关闭"。各函数之间需要将"引用"和"错误簇"连线接到一起，表示函数都作用在相同的文件，如果在整个过程中有错误产生，则利用"简易错误处理"函数进行处理，同样读取文件也类似此过程。

如果每次的数据都写入到文件的末尾处，只需要增加一个高级文件函数选板中的"设置文件位置"函数，并在此函数的"自（0：起始）"的接线端创建一个常量为"end"的枚举量就可以了，具体如图 11.3 所示。

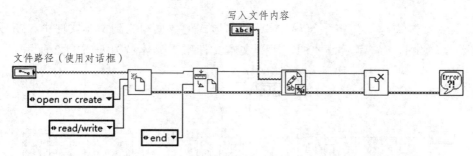

图 11.3　写入字符串数据到文本文件的末尾处

11.2.2　读取文本文件

"读取文本文件"函数是将文本文件中的数据读取到字符串控件中，它的用法与"写入文本文件"函数类似，基本流程框架为"打开文件"（如果文件不存在，则创建此文件）—"读取文本文件"—"将文件关闭"。首先在 D 盘根目录下，创建一个名称为"读取测试.txt"的文件，在此文件中录入一定的文字内容，然后通过示例程序进行读取操作，具体如图 11.4 所示。

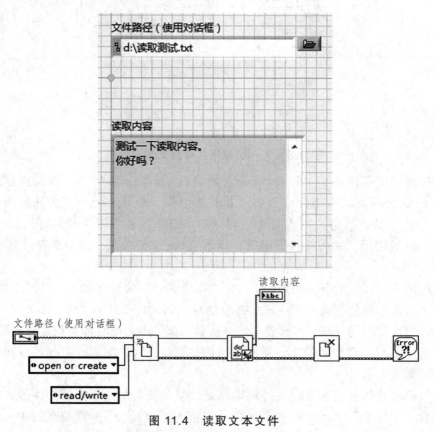

图 11.4　读取文本文件

11.3 电子表格文件 IO

电子表格文件是指浮点数组之类数据文件,用记事本或者 Excel 等应用软件可以查看数据。实际上它也是文本文件,只是在不同的数据之间加入了 Tab 制表符或换行符。其中"写入带分隔符电子表格"和"读取带分隔符电子表格"的函数位置在"函数选板"/"编程"/"文件 IO"菜单中,应用比较简单,具体如图 11.5 所示。

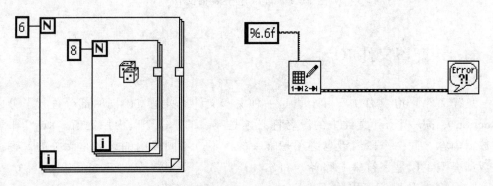

图 11.5　将浮点数组写入到电子表格文件中

当此 VI 运行时,弹出保存文件的对话框,输入要保存的文件名称和路径,如"保存随机数组数据.txt",就可以将数组的浮点数组按照"%.6f"格式,保存到文件中。

如果是将新的数据,增加到原来文件已有数据的末尾,只需要将"写入带分隔符电子表格"函数的"添加至文件?"的端口参数设置为"真"就可以了,具体如图 11.6 所示。

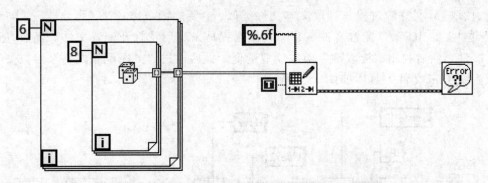

图 11.6　将浮点数组写入到电子表格文件的末尾

同样"读取带分隔符电子表格"函数使用也很简单,将电子表格文件中的数据,读取到程序中数组中,当程序运行时,弹出对话框,选择要读取的电子表格文件,具体如图 11.7 所示。

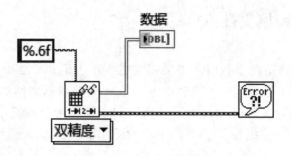

图 11.7　读取电子表格文件

11.4　配置文件 IO

配置文件（ini 文件）实际上也是一种文本文件，只是将不同的部分进行了分段（Section），同一个 ini 文件中的段名称必须是唯一的。每个段内用键值（Key）来表示数据内容，同一个段内键名必须是唯一的，不过不同段内的键名是无关的。键值的数据类型可以是字符串、路径、布尔、浮点数、整型数等。

ini 文件具体内容可以如下设置：

[ServerIP]

IP1=192.168.0.2

IP2=10.0.0.8

IP3=127.0.0.6

[User]

User1=admin

User2=guest

读取 ini 文件的过程与读取文本文件类似，主要的函数路径是"函数选板"/"编程"/"文件 IO"/"配置文件 VI"。具体流程是先利用"打开配置文件"函数打开 ini 文件，然后利用"读取键"函数读取键值，最后通过"关闭配置文件"函数关闭所读取的 ini 文件，具体如图 11.8 所示。

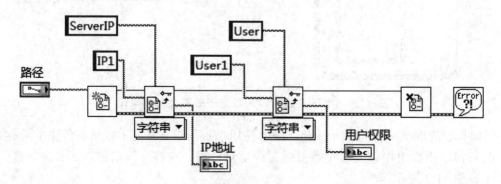

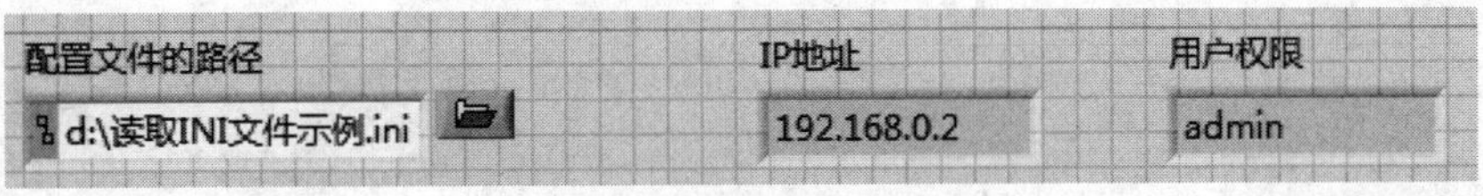

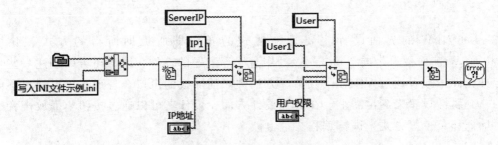

图 11.8　读取 ini 文件

写入 ini 文件的过程与读取 ini 文件类似，主要是利用"写入键"函数，这里不做赘述，具体如图 11.9 所示。

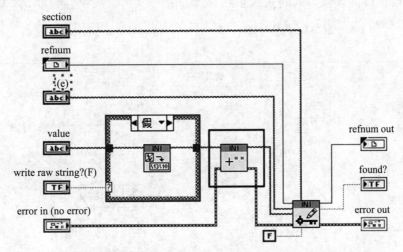

图 11.9　写入 ini 文件

注意："写入键"函数在对字符串的值进行写入时，会默认在字符串的值两端加入引号，这里需要打开写入键的子 VI（字符串），删掉或禁用掉"加入引号"函数，具体如图 11.10 所示。

图 11.10　禁用给字符串值写入时加入引号

11.5　小　结

本章介绍了常用的文件类型及文件 IO 相关知识，同时 LabVIEW 也支持对 Excel 报表文件的打印和操作，具体可以参考本书提供的"工资单分解示例"，这里不再赘述。

12　界面交互设计

LabVIEW 的界面设计主要是拖拽式的布局即所见即所得的方式。除了 LabVIEW 前面板自带的"新式"及"银色"等主题的控件，用户还可以创建一些自定义控件，或者通过 VIPM 下载第三方控件。前面板的窗口表现形式可以通过不同的 VI 属性设置来满足需求。在交互设计方面，设计者可以通过按钮、播放声音、对话框和菜单等方式来进行编程。

12.1　前面板窗口设置

前面板窗口的表现形式是通过前面板菜单中"文件"/"VI 属性"/"窗口外观"来进行设置的，如图 12.1 所示。

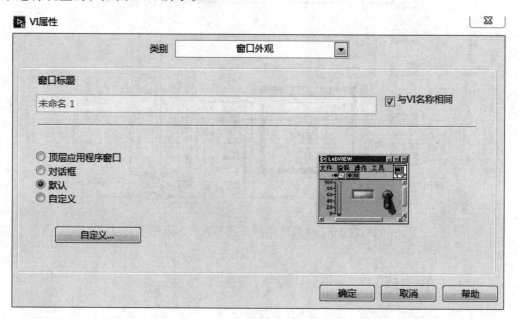

图 12.1　窗口外观设置

前三个选项"顶层应用程序窗口""对话框"和"默认"是常用的窗口外观，如果选择"自定义"按钮，则可以进入到"自定义窗口外观"设置对话框，可以进行详细的设置，具体如图 12.2 所示。

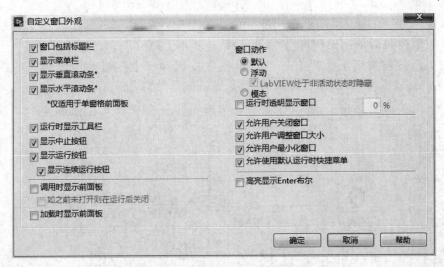

图 12.2 自定义窗口外观设置

同时在"VI 属性"中，还有"窗口大小"设置，其宽度和高度都是以像素为单位，但建议设计者不要选中"使用不同分辨率显示器时保持窗口比例"和"调整窗口大小时缩放前面板上的所有对象"这两个选项，因为这会带来意想不到的控件或字体变形问题，如图 12.3 所示。

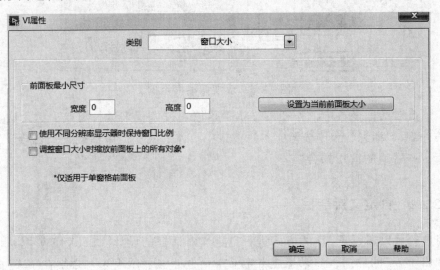

图 12.3 窗口大小设置

12.2 对话框设计

12.2.1 普通对话框

LabVIEW 提供了比较常见的对话框函数，以方便一些常见的应用。其位于"函数选板"/"编程"/"对话框与用户界面"菜单中，如图 12.4 所示，主要有：

（1）单按钮对话框，带有一个"确认"按钮。

（2）双按钮对话框，带有一个"确认"按钮和一个"取消"按钮，如图 12.5 所示。

（3）三按钮对话框，带有一个"是"按钮，一个"否"按钮和一个"取消"按钮。

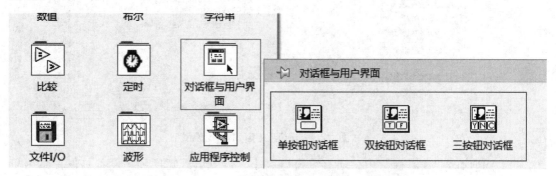

图 12.4　普通对话框函数

图 12.5　双按钮话框示例

实际上对话框函数中的按钮的文本，可以通过设置来进行更改，但无法更改对话框的外观，"消息"和"按钮文本"参数中字体的大小、位置或者颜色等设置，只能用于一些普通的应用场合。

12.2.2　自定义对话框

用户还可以通过子 VI 的方式进行自定义对话框的设计。LabVIEW 默认情况下不会弹出子 VI 的界面，如果想让自定义对话框能够显示出来，必须在子 VI 的图标上右键，选择"设置子 VI 节点"，之后在弹出的对话框中选择"调用时显示前面板"和"如之前未打开则在运行后关闭"，如图 12.6 所示。

同时，也可以在"VI 属性"中进行设置，对子 VI 的前面板进行设置，例如，不显示菜单栏、工具栏、滚动条等，书中给出了一个通过点击按钮弹出对话框的例程：当点击"OK"按钮时，可以弹出一个持续 2 秒后自动关闭的"OK"对话框；当点击"NG"按钮时，可以弹出一个需要手动关闭的"NG"对话框，如图 12.7 所示。

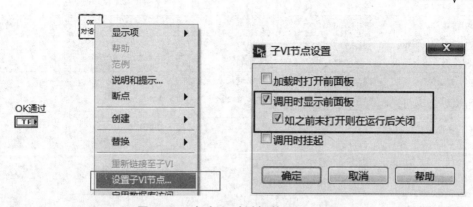

图 12.6　自定义对话框的子 VI 设置

图 12.7　自定义对话框示例

12.3　自定义菜单

VI 运行时的菜单栏默认是 LabVIEW 的标准菜单栏，同时也可以自定义运行时菜单，在程序中也可以对用户的自定义菜单作出响应。点击 VI 前面板或程序框图中的"编辑"/"运行时菜单"，弹出菜单编辑器对话框，用于创建并编辑运行时菜单文件（.rtm 文件），如图 12.8 所示。

有三种预设的菜单可供选择：

（1）"默认"菜单，LabVIEW 的默认菜单栏。

（2）"最小化"菜单，只显示常用的菜单选项。

（3）"自定义"菜单，用来进行用户自定义设置。

菜单中的菜单项也分为三种，可以在菜单项类型中设置：

（1）用户项。允许用户输入新项，这些项在程序框图上以编程方式处理。用户项需要有一个菜单项名称和一个唯一对应的、区分大小写的字符串标识符（菜单项标识符）。

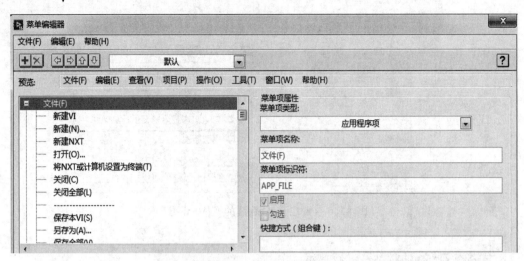

图 12.8　菜单编辑器

（2）分隔符。在两个菜单项中间插入分隔横线，但不能对该项设置任何属性。

（3）应用程序项，用户可以通过选择应用程序项并在层次结构中选择需添加的单个项或整个子菜单。

注意：用户不可更改应用程序项的名称、标识符和其他属性。

点击左上角"+"按钮，可以添加新的菜单项，点击"X"按钮可以删除菜单项，点击左右和上下的箭头按钮，可以对菜单项进行层次缩进和上下位置的改变，具体如图 12.9 所示。

图 12.9　自定义菜单

通过事件结构可以实现对菜单动作进行响应，需要在事件结构添加"菜单选择（用户）"事件，同时将条件结构的条件接线端连接到事件结构中的"菜单项标识符"处，在条件结构的标签中设置好对应的"菜单项标识符"的字符串值，就可以实现对自定义菜单的响应，具体如图 12.10 ~ 12.12 所示。

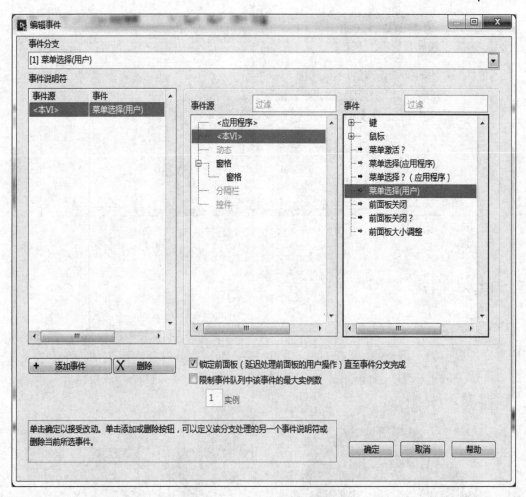

图 12.10　事件结构的事件源

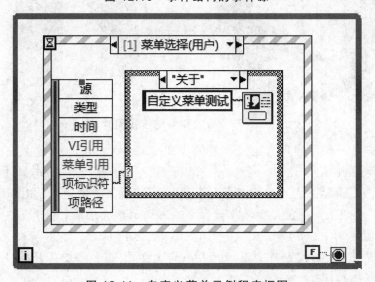

图 12.11　自定义菜单示例程序框图

图 12.12　自定义菜单运行效果

12.4　自定义控件

当基本的控件无法满足实际需求时，用户就需要采用自定义控件的方式，来满足用户对界面显示的需求。采用自定义控件的好处就是可以让界面更加形象和友好，比如将常见的可以的一个布尔按钮控件修改成"播放"和"暂停"来表示开关状态，如图 12.13 所示。

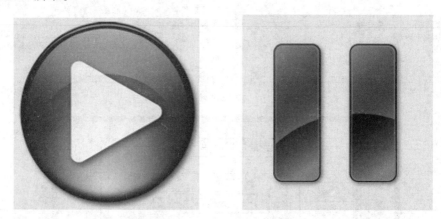

图 12.13　播放和停止按钮图片

下面具体介绍如何实现自定义控件的步骤。

（1）在前面板点击"文件"菜单中的"新建"，在弹出的"新建"对话框中，选择"其他文件"条目下的"自定义控件"选项后，点击"确定"，如图 12.14 所示。

（2）在前面板上，创建一个布尔按钮，并适当调整大小后，点击工具栏上的"扳手"图标，切换到"自定义模式"，具体如图 12.15 所示。

（3）在按钮上，右键选择"以相同大小从文件导入"，添加一开始设计好的"播放"图片，具体如图 12.16 所示。

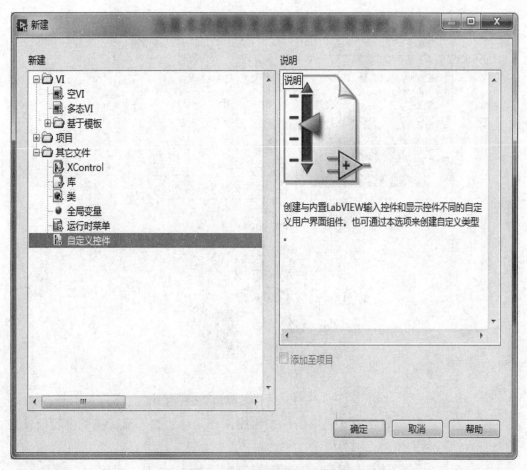

图 12.14 新建自定义控件

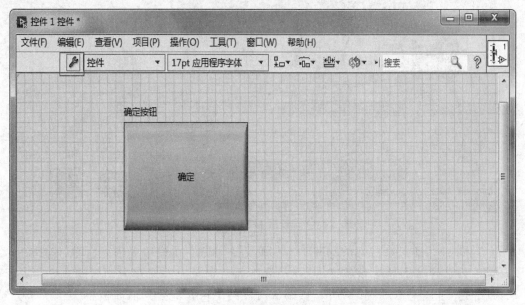

图 12.15 切换到自定义模式

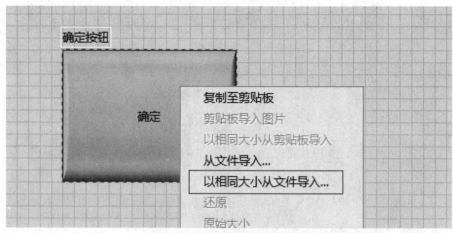

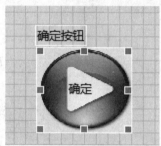

图 12.16　设置"播放"图片为开的状态

（4）第一个状态的外观就完成了。按钮控件有 4 种状态，那么接下来我们设置剩下的 3 种状态（见图 12.17）。

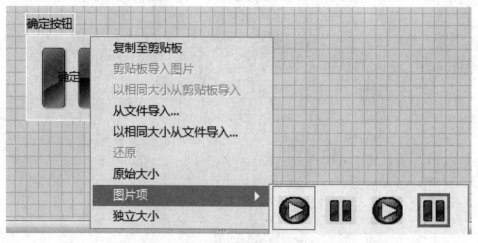

图 12.17　设置按钮的 4 种状态

（5）最后点击工具栏上的 图标，切换为 状态，在按钮上进行右键，选择"显示项"，再选择"不显示布尔文本"，最后将此自定义控件保存为"播放.ctl"，调用此控件时，可以类似子 VI 调用，直接从文件夹中将其拖拽到前面板中。

12.5　自定义类型

　　自定义类型或严格自定义类型是与自定义控件的已保存文件链接的自定义控件。将自定义控件保存为自定义类型后,对自定义类型的任何数据类型改动将影响到所有使用该自定义类型的 VI,也就是说,一旦自定义控件发生改变,相应的所有 VI 中的该控件都将跟着发生变化,类似于 C 语言中的宏定义。将自定义控件保存为严格自定义类型后,对严格自定义类型的任何数据类型和外观改动都会影响到使用该严格自定义类型的 VI 的前面板。但是,如改变一个严格自定义类型,其放置在程序框图上的严格自定义类型的常量显示为非严格类型,只有数据类型改变,常量才会相应改变。

　　下面我们以常见的软件工作状态的枚举类型,创建一个自定义类型,其步骤如下:

　　(1)创建一个枚举控件,将其值设置为"打开串口""关闭串口","串口发送",如图 12.18 所示。

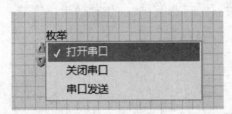

图 12.18　枚举控件

　　(2)右键单击控件,从快捷菜单中选择"制作自定义类型",如图 12.19 所示。

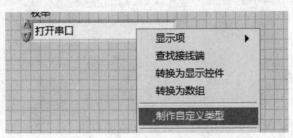

图 12.19　制作自定义类型

　　(3)然后再次右键点击此控件,从快捷菜单中选择"打开自定义类型",就可以打开控件编辑器窗口,如图 12.20 所示。

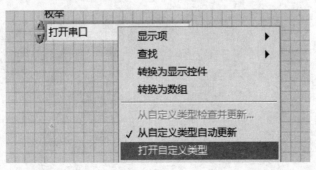

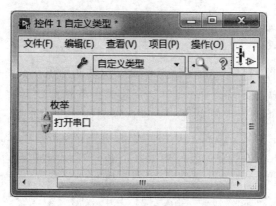

图 12.20　自定义的枚举类型

（4）（可选）要创建一个严格自定义类型，则从工具栏的控件类型下拉菜单中选择严格自定义类型。

（5）根据需要改变控件。例如，改变控件的大小、颜色、控件中各元素的相对位置以及向控件导入图像等。

（6）选择"文件"/"应用改动"，将改动应用于控件。只有在对控件做出改动后，应用改动菜单项才可用。

（7）选择"文件"/"保存"，将自定义控件保存为自定义类型或严格自定义类型。自定义类型或严格自定义类型可保存在同一目录或工程中。

（8）如果此自定义类型控件进行了修改，比如在枚举值中，增加了一个"串口读取"状态，则其他调用此控件的 VI，就可以直接更新为最新状态，避免了重复进行修改的问题。

12.6　小　结

本章介绍了交互设计中常用的对话框、菜单以及自定义控件等设计，同时结合界面中 LabVIEW 提供的基础控件，读者可以自己根据实际需求设计出满足应用场合的高效交互方式。

13 项目管理和应用程序发布

LabVIEW 项目包括 VI、保证 VI 正常运行所必需的文件，以及其他支持文件（例如文档或相关链接）。使用项目浏览器窗口管理 LabVIEW 项目。在项目浏览器窗口中，可使用文件夹和库组合各个项，还可使用列出 VI 层次结构的依赖关系跟踪 VI 依赖的项。

13.1 创建项目

项目浏览器窗口用于创建和编辑 LabVIEW 项目。选择"文件"/"新建"/"项目"，即可打开项目浏览器窗口。用户也可选择"项目"/"新建项目"或新建对话框中的"项目"选项，打开项目浏览器窗口，如图 13.1 所示。项目浏览器窗口中有两个选项卡：项和文件，如图 13.2 所示。

图 13.1 新建项目

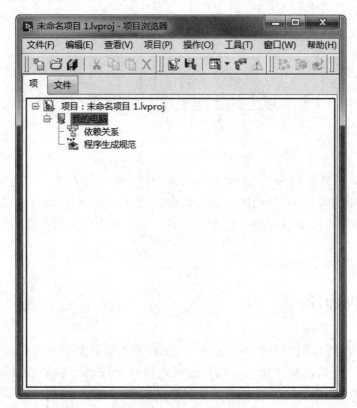

图 13.2　项目浏览器

项目浏览器用于管理 LabVIEW 项目中的各种 LabVIEW 文件与非 LabVIEW 文件，创建可执行文件（EXE 文件）、创建安装包、增加可执行文件的图标等。

只有通过项目浏览器才能生成应用程序或共享库等。如果项目中使用到了 LabVIEW 的硬件支持模块，如 RT、FPGA 和视觉模块等，也必须要使用项目管理方式。

项目浏览器中"项"页用于显示项目目录树中的项。"文件"页用于显示在磁盘上有相应文件的项目项。在该页上可对文件名和目录进行管理。文件中对项目进行的操作将影响并更新磁盘上对应的文件。右键单击终端下的某个文件夹或项并从快捷菜单中选择"在项视图中显示"或"在文件视图中显示"可在这两个页之间进行切换。默认情况下，项目浏览器窗口包括以下各项：

项目根目录：包含项目浏览器窗口中所有其他项。项目根目录的标签包括该项目的文件名。

我的电脑：表示可作为项目终端使用的本地计算机。

（1）依赖关系：用于查看某个终端下 VI 所需的项。

（2）程序生成规范：包括对源代码发布编译配置以及 LabVIEW 工具包和模块所支持的其他编译形式的配置。如安装了 LabVIEW 专业版开发系统或应用程序生成器，可使用程序生成规范进行下列操作：

• 独立应用程序。

- 安装程序。
- .NET 互操作程序集。
- 打包库。
- 共享库。
- 发布源代码。
- Web 服务。
- Zip 文件。

（3）可隐藏项目浏览器窗口中的依赖关系和程序生成规范。如将上述两者中某一项隐藏，则在使用前（如生成一个应用程序或共享库前），必须将隐藏的项恢复显示。

（4）在项目中添加其他终端时，LabVIEW 会在项目浏览器窗口中创建代表该终端的项。各个终端也包括依赖关系和程序生成规范，在每个终端下可添加文件。

可将 VI 从项目浏览器窗口中拖放到另一个已打开 VI 的程序框图中。在项目浏览器窗口中选择需作为子 VI 使用的 VI，并把它拖放到其他 VI 的程序框图中。使用项目属性和方法，可通过编程配置和修改项目以及项目浏览器窗口。

13.2　对项目中的项进行排序

在项目管理中有时所用文件较多，为方便管理就需要进行各种排序，排序时根据实际情况应注意以下事项：

（1）可使用排序选项对项目中的项进行排序。排序选项自动应用于项目中的项，不会改变项目在磁盘上的组织方式。排序选项用于更好地组织和管理项目中的项。

（2）为每个项目文件创建单独的目录。使用不同的目录组织项目文件更便于在磁盘上识别与该项目库有关的文件。

（3）磁盘上的目录与项目结构中的虚拟文件夹不匹配。将磁盘上的目录作为虚拟文件夹添加到项目后，如对磁盘上的目录进行任何修改，LabVIEW 也不会更新项目中的文件夹。将磁盘上的目录作为自动生成的文件夹添加到项目，可在项目中监控和更新磁盘上的改动。

（4）（Windows）如正在生成一个安装程序，应确保将项目中的文件保存至 lvproj 项目文件所在的驱动器中。如某些文件保存在网络驱动器等其他驱动器中，将该项目添加到安装程序时，项目与这些文件的链接将会断开。

（5）在源代码发布中的文件结构无需匹配项目浏览器窗口中的结构。生成源代码发布时可指定一个不同的结构。

（6）如需移除依赖关系下的项，可将项从"依赖关系"移至终端。也可移除该项和所有调用方，或者使调用方改变调用方式。"依赖关系"列出了项目中所有 VI 的 VI 层次结构。

（7）创建应用程序时，可将设置应用于整个文件夹。可考虑组合终端下文件夹中的所有动态项。

（8）如项目中包含不同路径下相同合法名称有两个或两个以上项，该项目会产生冲突。冲突项上显示黄色警告标志。单击"解决冲突"按钮，在解决项目冲突对话框中查看关于项目冲突的详细信息。

13.3　项目库

在编写大型项目时，需要多个开发人员之间共同工作，他们之间的代码共享与维护有一定困难。对于模块化式的开发方式，有时希望与某个开发人员只共享与他工作相关的模块，而隐藏其余模块的细节，这样有了项目库的概念。

LabVIEW 项目库集合了 VI、类型定义、共享变量、选板文件和其他文件（包括其他项目库）。创建并保存新项目库时，LabVIEW 可创建一个项目库文件（.lvlib），其中包括项目库属性以及项目库所包括的文件引用等。例如收银台项目管理示例如图 13.3 所示，其与 LLB 管理方式是不同的概念，LLB 只是一个包含多个 VI 的物理文件夹，是一个 VI 的存储方式，没有项目库管理的方式功能丰富。

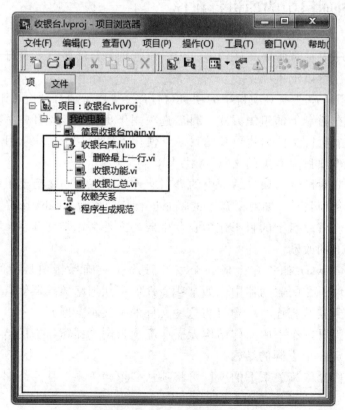

图 13.3　收银台项目管理示例

项目库的创建方式为右键项目浏览器中的"我的电脑"选择"新建库"选项。右键"库"，可以创建或添加新的文件到库中。项目库的好处有两个方面：其一是提供了独立的命名空间，其二是提供了权限控制。

由于有了独立的命名空间，即使是不同库中的相同名称的 VI 也可以同时打开，库中的 VI 会在内存中自动加入库的前缀名。如果需要更改库或其中 VI 的名称，就必须要在项目浏览器中进行修改。

同时，项目库还可以设置其中的 VI 访问权限，一般情况下是有私有和公有两种权限。公有 VI 是默认设置，可以被任何 VI 调用。而私有 VI 只能被同一库中的其他 VI 调用，如果被非同一个项目库中的 VI 调用，则该 VI 是不可执行的。

13.4 发布应用程序

项目管理的最后是生成可执行文件或安装包，最后作为一个产品发布给其他用户使用。在项目浏览器中的最后使用"程序生成规范"就可以很方便地发布产品。其不仅可以生成可执行文件和安装包，还可以生成 DLL 文件，具体可以生成的产品有：

（1）应用程序（EXE）。为其他用户提供 VI 的可执行版本；用户无需安装 LabVIEW 开发系统也可运行 VI。但是运行独立应用程序需 LabVIEW 运行引擎。Windows 应用程序以.exe 为扩展名。Mac OS X 应用程序以.app 为扩展名。

（2）安装程序。Windows 安装程序用于发布通过应用程序生成器创建的独立应用程序、共享库和源代码发布等。包含 LabVIEW 运行引擎的安装程序允许用户在未安装 LabVIEW 的情况下运行应用程序或使用共享库。

（3）.NET 互操作程序集。Windows.NET 互操作程序集将一组 VI 打包，用于 Microsoft .NET Framework。必须安装与 CLR 2.0 兼容的.NET Framework，才能通过应用程序生成器生成.NET 互操作程序集。

（4）打包项目库。使用打包项目库将多个 LabVIEW 文件打包至一个文件。部署打包库中的 VI 时，只需部署打包库一个文件即可。打包库的顶层文件是一个项目库。打包库包含为特定操作系统编译的一个或多个 VI 层次结构。打包库的扩展名为.lvlibp。

（5）共享库。共享库用于通过文本编程语言调用 VI，如 LabWindows™/CVI™、Microsoft Visual C++和 Microsoft Visual Basic 等。共享库为非 LabVIEW 编程语言提供了访问 LabVIEW 代码的方式。如需与其他开发人员共享所创建 VI 的功能时，可使用共享库。其他开发人员可使用共享库但不能编辑或查看该库的程序框图，除非编写者在共享库上启用调试。Windows 共享库以.dll 为扩展名。Mac OS X 共享库以.framework 为扩展名。Linux 共享库以.so 为扩展名。可使用.so，或以 lib 开头，以.so 结尾（可选择在后面添加版本号），这样其他应用程序也可使用库。

（6）源代码发布。源代码发布是将一系列源文件打包。用户可通过源代码发布将代码发送给其他开发人员在 LabVIEW 中使用。在 VI 设置中可实现添加密码、删除程序框图或应用其他配置等操作。为一个源代码发布中的 VI 可选择不同的目标目录，而且 VI 和子 VI 的连接不会因此中断。

（7）Web 服务（RESTful）。Windows 将 VI 在 LabVIEW Web 服务中发布，是 LabVIEW Web 服务器部署应用的标准化方法，任何用户均可访问部署的应用。Web 服务支持绝大多数平台和编程语言的用户，使通过 LabVIEW 在网络上发布 Web 应用变得简便快捷。

（8）Zip 文件。压缩文件用于以单个可移植文件的形式发布多个文件或整套 LabVIEW 项目。一个 Zip 文件包括可发送给用户使用的已经压缩了的多个文件。Zip 文件可用于将已选定的源代码文件发布给其他 LabVIEW 用户使用。可使用 Zip VI 通过编程创建 Zip 文件。

发布这些文件无需 LabVIEW 开发系统，但是必须装有 LabVIEW 运行引擎才能运行独立引用程序和共享库。程序生成规范示例如图 13.4 所示。

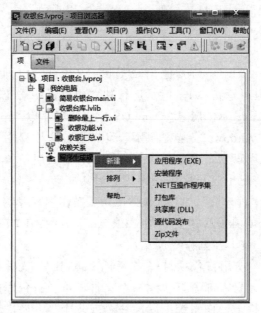

图 13.4　程序生成规范示例

13.4.1　生成应用程序（EXE）

在 LabVIEW 开发环境下，创建可执行文件必须在"项目"下进行，其主要步骤如下：

（1）打开项目浏览器窗口，选择程序生成规范再选择新建应用程序，如图 13.5 所示。

图 13.5　生成应用程序

（2）在程序生成属性设置对话框中进行逐项属性的设置。用户可以设置可执行程序的相关信息，比如程序名称、生成路径、版本、开发公司信息等，如图 13.6 所示。

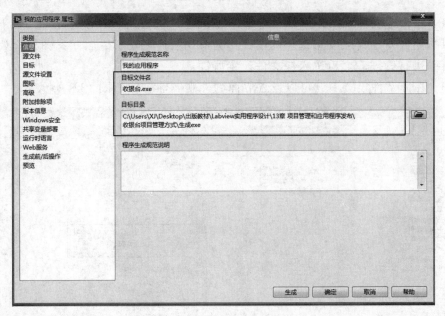

图 13.6　设置属性对话框

（3）在类别栏中选择"源文件"。在这里可以设置安装程序将需要那些文件。将应用程序开始运行时的第一个 vi（一般是最终的界面 vi）放到"启动 vi"栏目下。然后将其他所有 vi 放到"始终包括"栏目下（也可以是项目库文件），如图 13.7 所示。然后选择"目标"属性。

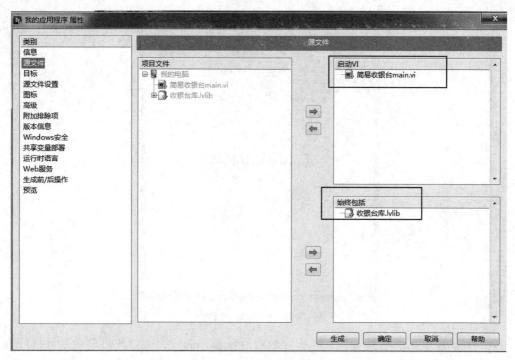

图 13.7　源文件设置

（4）在目标属性和图标属性中一般不用设定，采用默认的方式即可。对于图标也可以采用开发中自己设定选择的图标作为应用程序的图标，自定义图标应放入整个项目中进行管理。之后进入源文件设置属性。

（5）在源文件设置中，可以设置界面的外观属性等，如图 13.8 所示。

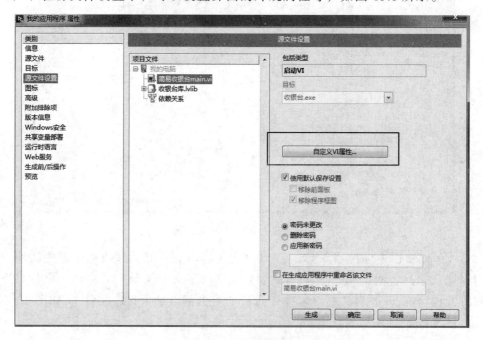

图 13.8　最终界面的外观设置

（6）高级选项中可以设定程序的高级功能，一般采用默认设置。

（7）附加排除项可以设定多态 VI 的属性，一般采用默认设定。

（8）版本信息选项中可以查看和修改可执行文件的版本信息和内部修改版本，供以后的程序升级版本识别。

（9）最后进行程序生成的预览阶段，查看是否设置完全，然后点击"生成"按钮确定即可，如图 13.9 所示。

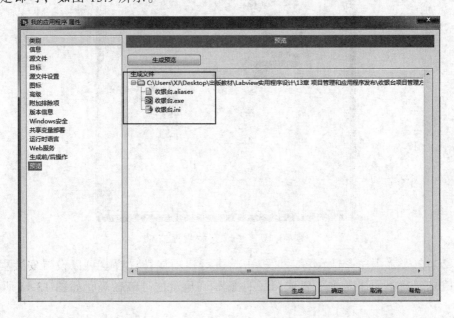

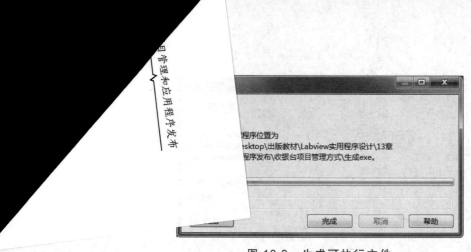

图 13.9　生成可执行文件

13.4.2　生成安装程序

在前述所提的生成好的可执行文件还不能发布给没有 LabVIEW 开发环境下的用户使用，因为缺少 LabVIEW 运行时引擎。所以需要做一个应用程序安装包提交给用户。该安装包包括了 LabVIEW 的运行时引擎（必要时需各种硬件驱动），以保证用户在没有开发环境中也能够运行发布的应用程序，其主要步骤有：

（1）生成可执行文件后，打开项目浏览器窗口，选择程序生成规范，再选择新建建安装程序，如图 13.10 所示。

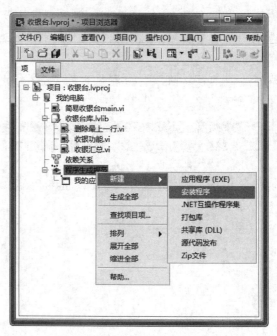

图 13.10　生成安装程序文件

（2）在安装程序属性设置对话框中，进行逐项属性设置。可以设置安装程序的相关信息，比如程序名称、生成路径、版本、开发公司信息等，如图 13.11 所示。

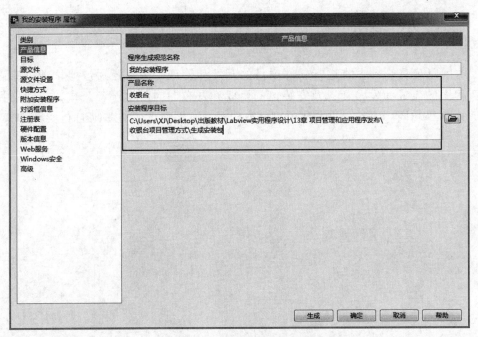

图 13.11   安装程序属性设置

（3）选择源文件属性进行设置，添加可执行文件，如图 13.12 所示。

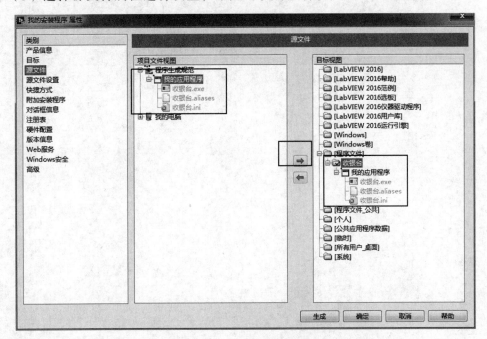

图 13.12   添加可执行文件

（4）如果还要添加附加安装程序或其他信息，一般情况下点击生成就可以完成安装包的制作，系统大概需要一些时间生成最终的安装包。

（5）运行安装包文件夹中的 Setup.exe 文件就可以进行程序安装。

13.5　小　结

本章以项目管理方式进行软件项目的开发和管理，最终还通过项目浏览器进行应用程序的生成和发布，以及安装包的生成和发布。同时由于各公司的实际项目管理方式不尽相同，在实际的大型项目开发过程，还需要读者更多地自行实践和摸索。

14　多线程技术

LabVIEW 程序设计中常见的设计模式有：事件结构的界面、状态机、主从结构、生产者/消费者结构、队列消息结构。LabVIEW 提供了相应的程序模板，开发者可直接套用相应的结构进行开发。

在前面的章节中，大家已经掌握了事件结构的使用，同时状态机和主从结构是可以直接被更加方便理解的生产者/消费者模式代替的，因此本章主要介绍生产者/消费者的程序结构。

14.1　基本概念

多线程，是指从软件或者硬件上实现多个线程并发执行的技术。具有多线程能力的计算机因有硬件支持而能够在同一时间执行多于一个线程，进而提升整体处理性能。具有这种能力的系统包括对称多处理机、多核心处理器以及芯片级多处理或同时多线程处理器。在一个程序中，这些独立运行的程序片段叫做"线程（Thread）"，利用它编程的概念就叫做"多线程处理"。

在文本语言编程时，多线程程序设计比较复杂。原因是因为文本语言是按照代码执行顺序执行的，多线程代码不直观而且可读性较差，同时编写多线程程序时要用到共享资源的管理、线程间通信等，因此还需要增加单独的代码进行线程管理。

但在图形编程的 LabVIEW 中，开发者可以很容易且很直观地看到并行代码，比如两个独立的 while 循环就可以双线程并行执行。同时，LabVIEW 把线程管理、线程间通信等函数进行了封装，开发者就可以不用学习复杂的多线程编程，而把主要精力放在程序逻辑实现上。

14.2　VI 的优先级设置

LabVIEW 在实际多线程设计时，两个并行的循环结构就是两个线程，那么有时候就需要考虑不同的线程之间的优先级问题，而 VI 的优先级设置方式大致有两种：分别是程序控制和系统控制。

（1）程序控制是指通过在程序框图设计时，使用等待函数来控制程序内部并行任务的执行顺序，示例如图 14.1 所示。

（2）系统控制是指在 VI 属性中选择相应的 VI 执行优先级别来控制 VI 的执行顺序，示例如图 14.2 所示。

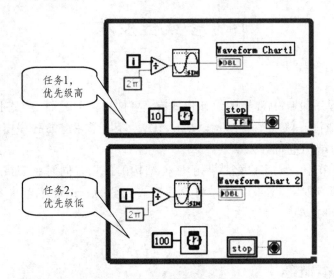

图 14.1　程序控制优先级

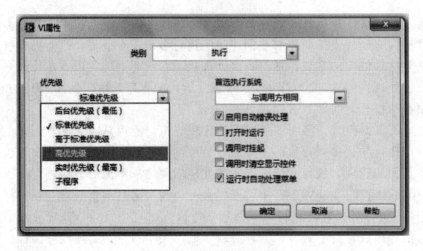

图 14.2　系统控制优先级

在设置 VI 的优先级时，还需要注意以下几点：

（1）一般情况下，VI 默认为普通优先级，只有那么特殊的 VI 才应被指定为非普通的优先级。

（2）当一个 VI 确有必要使用非普通的优先级时，不要让高优先级的 VI 一直持续运行。

（3）VI 优先级只能通过查询 VI 属性才能了解，需要开发者在文档或注释中事先注明，以方便调试。

14.3　生产者/消费者结构

生产者/消费者结构是多线程编程中的最基本的设计模式，其主要利用队列相关的函数进行设计。生产者和消费者之间存在一个缓冲区，当生产过剩而消费不足的情况下，缓冲区剩余空间不断减小直至耗尽；反之，当生产不足而消费过多时，缓冲区内的数据会逐渐减小，直至缓冲区中再无数据可用。

将整个过程与供水系统进行类比，在生产者（供水厂）产生数据后，并不直接向终端用户供水，因为生产者产生水的速率与用户消耗水的速率并不相同。需要建造蓄水池将供水局产生的水放入到蓄水池中，同理获取的数据也放入该缓冲区中。当终端用户需要用水时，直接从蓄水池中获取就可以了，同理在进行数据显示和分析时直接从数据缓冲区中获取就可以了，如图 14.3 所示。

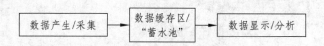

图 14.3　生产者/消费者模型

上面的模型也会存在一个问题：蓄水池可能存在溢出问题。如供水局不停地产生水，而用户却不消耗水，这样便会导致蓄水池装满而溢出。反之当终端用户耗水量太大时，导致没有水可用。但 LabVIEW 中的队列函数提供了一种很好的方式规避了这个问题，由于队列中的元素是"先进先出"的，因此确保了接收到的数据是有序的。在 LabVIEW 的队列操作中（入列和出列函数），提供了 timeout 选项以处理数据缓冲区的溢出或不足。当数据溢出时，入列函数（数据进入队列）将停止发送数据（处于等待状态），直到缓冲区存在数据空间或者达到了 timeout 设置的时间；而当数据不足时，出列函数（数据流出队列）将停止接收数据（处于等到状态），直到缓冲区进入了新的数据或者达到了 timeout 设置的时间。

14.3.1　队列函数

队列函数可以实现在多个 VI 之间或者同一 VI 不同线程之间同步任务和交换数据，其在函数选板的"同步"菜单中，常用的队列函数主要有：

（1）"获取队列引用"函数，如图 14.4 所示，可以理解为蓄水池进行命名，并设置水的"数据类型"和容量大小等。

（2）"元素入队列"和"元素出队列"函数，如图 14.5 所示，可以分别理解为供水局生产的水进入到蓄水池的过程，以及用户从蓄水池中取得水的过程，其遵循先入先出的顺序，其中超时毫秒（-1）端子如果未连接，默认输入值为-1，表示永不超时，如果队列满，则一直等待直到队列有空位为止；如果连接该端子，则新元素等待设定时间后仍无法入队列，则结束本次等待。

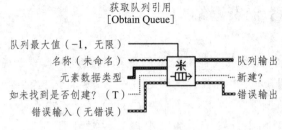

图 14.4　队列引用函数

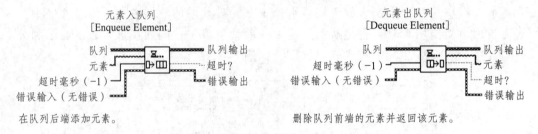

在队列后端添加元素。　　　　　　　　　　　　删除队列前端的元素并返回该元素。

图 14.5　元素入队列和元素出队列函数

（3）"获取队列状态"函数，如图 14.6 所示，主要用于判定队列引用是否有效，可以理解为观察一下蓄水池中水的容量达到了何种状态。

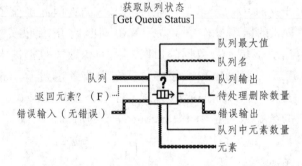

返回队列的当前状态信息（例如，当前队列中的元素个数）。

图 14.6　获取队列状态函数

（4）"清空队列"函数，如图 14.7 所示，可以分别理解为一下子清空蓄水池。

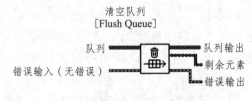

删除队列中的所有元素并通过数组返回元素。

图 14.7　清空队列函数

（5）"释放队列引用"函数，如图 14.8 所示，可以理解为当整体供水的过程结束后，释放蓄水池的资源。

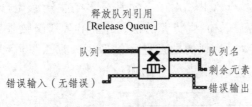

图 14.8 释放队列引用函数

14.3.2 事件型生产者/消费者结构

事件型生产者/消费者结构是将事件结构和队列函数相结合而构成的设计模式，其入到队列中的数据是程序运行中各种状态事件，LabVIEW 提供了本结构的基本模板，如图 14.9 所示。

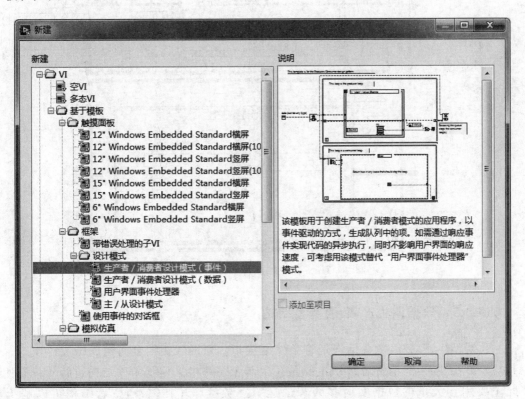

图 14.9 事件型生产者/消费者结构模板

在此模板中，开发者可以将前面板的按钮之类的控件产生的事件状态和后台数据采集之类的长时间运行的程序，分成两个线程来进行设计，增强了整体程序设计的可读性和扩展性，同时也做到了前面板的事件响应与后台程序的完全分离。本书后面将采用此模板进行一个高性能的多线程串口调试助手的设计示例，到时大家详细介绍。

生产者/消费者结构（见图 14.10）常常是多个生产者生产数据，一个消费者使用或处理数据。假如存在多个消费者的话，由于出队列函数是遵循先进先出的原则，消费者使用数据的时候，队列的数据已经被取出，那么不同线程的消费者所消费的数据的顺序，可能达不到开发者一开始所设想的顺序。

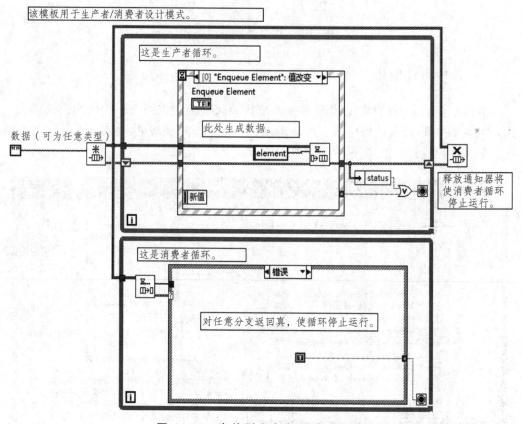

图 14.10 事件型生产者/消费者结构

14.3.3 数据型生产者/消费者结构

数据型生产者/消费者结构是将条件结构和队列函数相结合而构成的设计模式，其与事件型生产者/消费者区别主要是在生产者循环中采用了条件结构进行轮询，因此主要用于大量的数据实时多线程的运算。数据型生产者/消费者结构可以基于 LabVIEW 的程序模板进行创建，具体如图 14.11、图 14.12 所示。

数据型生产者/消费者在进行数据采集时，生产者负责采集和发布数据，而消费者负责分析或者处理数据。数据型生产者/消费者和事件型生产者/消费者模式上并没有本质上的区别，只是入队列数据的产生方式不同。

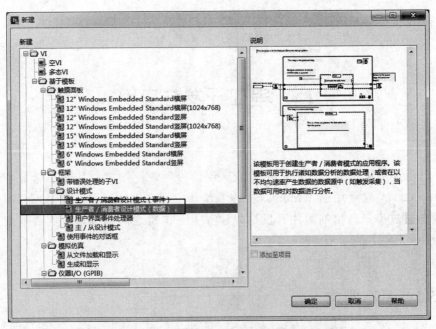

图 14.11　数据型生产者/消费者结构模板

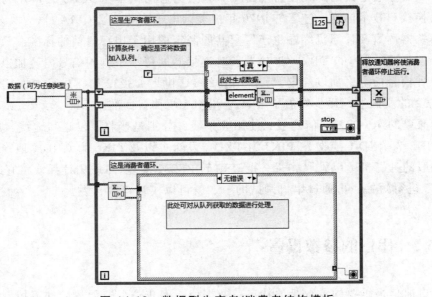

图 14.12　数据型生产者/消费者结构模板

14.4　小　结

本章在书中的例程里附加了 NI 官方的生产者/消费者的详细介绍和视频，其中有多重循环中数据交换的方式区别等，读者可根据实际的例程进行演示和试验。

15 串口开发与应用

串口是计算机和嵌入式中使用得最广泛的一种硬件接口，其通常称为 COM 口或者 RS232 口。在常用的 Windows 操作系统中，可以通过硬件管理器查看串口的硬件配置。通过串口通信的程序开发可以建立上下位机之间的通信，实现数据采集或控制应用。

15.1 基本概念

RS232 标准是数据终端设备（DTE）和数据通信设备（DCE）之间串行二进制数据交换接口技术标准。它是在 1970 年由美国电子工业协会（EIA）联合贝尔系统、调制解调器厂家及计算机终端生产厂家共同制定的用于串行通信的标准。该标准规定采用一个 25 个脚的 DB-25 连接器，对连接器的每个引脚的信号内容加以规定，还对各种信号的电平加以规定。后来 IBM 的 PC 机将 RS232 简化成了 DB-9 连接器，在 RS232 的基础上，逐步发展了 RS422 和 485 两种新标准。

最简单的 RS-232 通信一般只使用三条线，分别是接收、发送和地线，DB9 接口的 PIN2 为 RXD（接收），PIN3 为 TXD（发送）以及 PIN5 为 GND（地线）。

一般的计算机可以采取购买一根 USB 转 RS232 线缆，然后用杜邦线将它的 PIN2 和 PIN3 进行短接，再通过串口调试助手，就可以实现自收自发。

15.2 串口的参数设置

串口通信最重要的参数是波特率、数据位、停止位、奇偶校验和流控制。对于两个进行通信的端口，这些参数必须相同，否则无法进行通信或者会发生数据错误等问题。

（1）波特率：这是一个衡量通信速度的参数。它表示每秒钟传送的 bit 的个数。例如，300 波特表示每秒钟发送 300 个 bit。

（2）数据位：这是衡量通信中实际数据位的参数。当计算机发送一个信息包，实际的数据不会是 8 位的，标准的值是 5、7 和 8 位。如何设置取决于用户想传送的信息。比如，标准的 ASCII 码是 0~127（7 位）。扩展的 ASCII 码是 0~255（8 位）。

如果数据使用简单的文本（标准 ASCII 码），那么每个数据包使用 7 位数据。每个包是指一个字节，包括开始/停止位，数据位和奇偶校验位。

（3）停止位：用于表示单个包的最后一位。典型的值为 1，1.5 和 2 位。由于数据是在传输线上定时的，并且每一个设备有其自己的时钟，很可能在通信中两台设备间出现了小小的不同步。因此停止位不仅仅是表示传输的结束，并且提供计算机校正时钟同步的机会。

（4）奇偶校验位：在串口通信中一种简单的校验方式。有四种：偶校验、奇校验、NONE 校验（无校验）。

（5）流控制：在进行数据通信的设备之间，以某种协议方式来告诉对方何时开始传送数据，或根据对方的信号来进入数据接收状态以控制数据流的启停，它们的联络过程就叫"握手"或"流控制"，RS232 可以用硬件握手或软件握手方式来进行通信。

（6）软件握手（Xon/Xoff）：通常用在实际数据是控制字符的情况下。RS232 只需三条接口线，即"TXD 发送数据"、"RXD 接收数据"和"地线"，因为控制字符在传输线上和普通字符没有区别，这些字符在通信中由接收方发送，使发送方暂停。这种只需三线（地，发送，接收）的通信协议方式应用较为广泛。所以常采用 DB-9 的 9 芯插头座，传输线采用屏蔽双绞线。

15.3　串口通信软件开发

利用 LabVIEW 开发串口需要安装 VISA 驱动。VISA 是仪器编程的标准 I/O API。其可控制 GPIB、串口、USB、以太网、PXI 或 VXI 仪器，并根据使用仪器的类型调用相应的驱动程序，用户无需学习各种仪器的通信协议。VISA 独立于操作系统、总线和编程环境。换言之，无论使用何种设备、操作系统和编程语言，均使用相同的 API。用户开始使用 VISA 之前，应确保选择合适的仪器控制方法。

GPIB、串口、USB、以太网和某些 VXI 仪器使用基于消息的通信方式。对基于消息的仪器进行编程，使用的是高层的 ASCII 字符串。仪器使用本地处理器解析命令字符串，设置合适的寄存器位，进行用户期望的操作。SCPI（可编程仪器标准命令）是用于仪器编程的 ASCII 命令字符串的标准。相似的仪器通常使用相似的命令。用户只需学习一组命令，而无需学习各个仪器生产厂商各种仪器的不同命令消息。最常用的基于消息的函数是：VISA 读取、VISA 写入、VISA 置触发有效、VISA 清空和 VISA 读取 STB。

15.3.1　串口通信函数

安装好 VISA 驱动后，我们可以在函数选板中"仪器 IO"菜单中找到常用的 VISA 函数，具体如图 15.1 所示。

图 15.1　VISA 串口函数

同时，我们可以在范例管理器中，查找到串口函数相关的 NI 官方范例，再通过配合前面所学的多线程技术，利用事件型生产者/消费者结构设计一个性能稳定的串口通信软件，具体范例如图 15.2 所示。

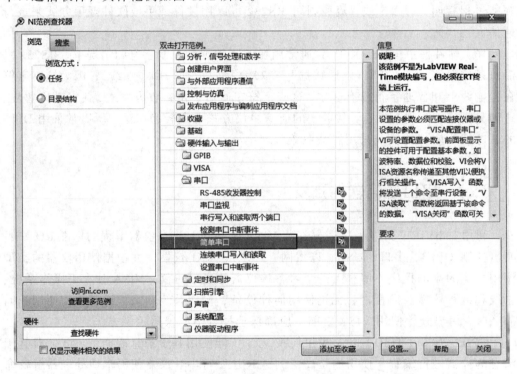

图 15.2　简单串口范例

通过简单串口的官方范例程序框图，大家可以看到串口通信的主要流程是：

（1）通过 VISA 配置函数，获取串口号的资源，对波特率、数据位等参数进行设置。

（2）通过 VISA 写入函数，进行字符串的发送。

（3）通过串口属性节点"Bytes at Port"获取串口缓冲区中接收到的字节数，必须使用此属性节点才能获取接收到的数据。

（4）通过 VISA 读取函数，进行字符串的接收。

（5）通过 VISA 关闭函数，进行串口资源的释放。

注意：简单串口范例中只能通过开关串口一次进行串口的发送和读取，并不能满足常用的串口通信软件开发，但其提供了完整的单次串口通信应用，具体如图15.3所示。

通过VISA配置串口VI配置串口。通过VISA写入函数发送"*IDN?"命令。通过VISA读取函数读取仪器的响应。注意"端口字节数（Bytes at port）"属性用于确定待读取的数据数量。这对单个读取来说可以接受。连续串口读取则推荐使用更为通用的方法。如需了解循环中执行连续串行通信的范例，请查看本范例同一文件夹下的Continuous Serial Write and Read.vi。

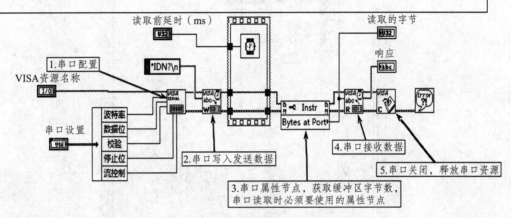

图 15.3　简单串口程序框图

15.3.2　多线程串口通信软件设计

常用的串口通信软件主要包括以下几种常见的功能：

（1）能够对串口通信的参数进行自定义配置。

（2）能够连续地通过串口进行接收和发送数据。

（3）能够将接收的数据保存到文本文件中。

（4）能够统计接收和发送的字节数。

（5）拥有两种接收和发送的数据的显示格式，如普通字符串形式（ASCII）、十六进制形式。

首先我们创建一个工程文件进行项目管理，在其中创建主界面、自定义控件和子 VI 文件，也可以添加自定义的图标，作为最后的应用程序图标，具体如图 15.4所示。

在其中添加两个自定义的控件分别是枚举类型的"串口工作状态.ctl"和簇类型的串口参数设置控件 "Serial-Setting.ctl"（可以复制 NI 范例中的控件），具体如图15.5 所示。

同时此项目中还需用到将字符串文件保存到 txt 文件中，这可以通过前面所学的文件 IO 知识，创建一个"保存文本.vi"的子 vi，设置路径和字符串输入控件为此子 vi 的输入端子，其程序框图和前面板如图 15.6、图 15.7 所示。

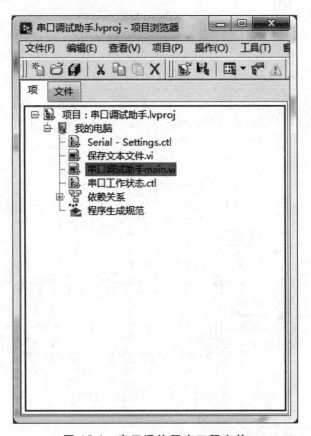

图 15.4　串口通信程序工程文件

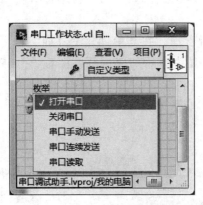

图 15.5　两个自定义控件文件

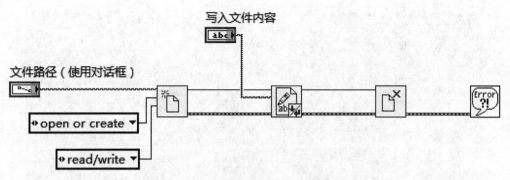

图 15.6　保存文本文件子 vi 程序框图

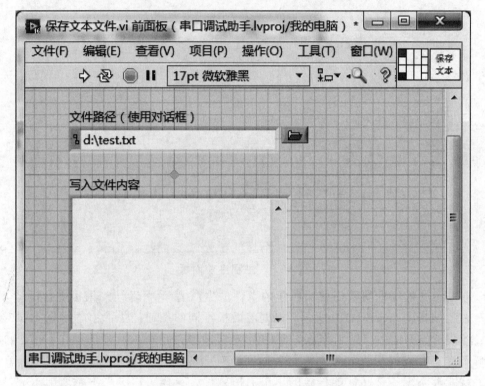

图 15.7　保存文本文件子 vi 前面板

接着创建串口通信软件的主程序前面板，其中"接收区"为字符串显示控件，"发送区"为字符串输入控件，"HEX 显示、HEX 接收和连续发送"为系统控件布尔菜单中的系统复选框控件。创建布尔按钮控件和 LED 控件，如：打开串口、保存窗口、清除窗口、串口发送和帮助等按钮，其中"打开串口"按钮的机械动作为"释放时转换"，其他按钮的机械动作为默认的"释放时触发"。最后将主程序的前面板进行一定的布局，以方便用户的实际使用，并为用户与计算机之间的交互控制，其他的控件可以在编程时，在函数的输入端子通过右键自动创建，如串口参数设置控件、串口号控件以及路径等控件。其前面板的布局如图 15.8 所示，可以为读者做一个参考。

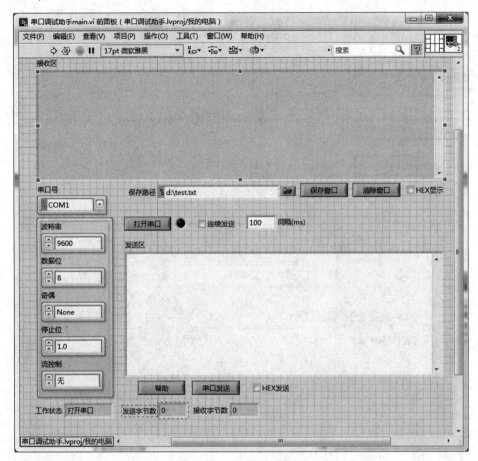

图 15.8　主程序前面板

　　主程序的程序框图采用前面所学的事件型生产者/消费者结构模板进行设计。在生产者的循环中，如图 15.9 所示，根据前面板不同的按钮产生的事件触发不同的事件，将枚举类型的"串口工作状态.ctl"中对应的事件进行入队列的操作，接着再将串口工作时对应的函数放入到消费者循环中对应的条件结构分支中，如图 15.10 所示，就能够实现一个高性能稳定的串口通信软件，具体可以参考本章所配示例。

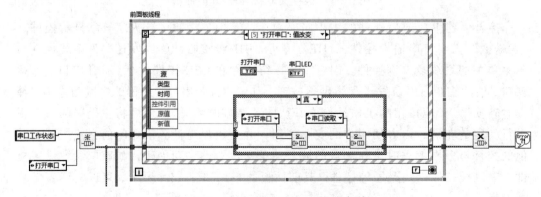

图 15.9　生产者循环产生各种事件

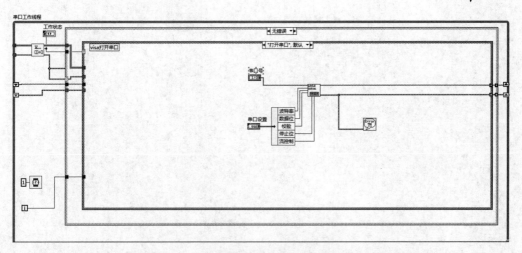

图 15.10 消费者循环进行各种串口函数的操作

注意： 本程序可以进行重复的串口参数的更改和运行，可以进行连续的串口读取数据的文本文件保存，但在串口连续发送时由于 Windows 系统不是严格的实时系统，其实际的时间间隔只能精确到 10 ms 左右，如果读者需要定时非常精确的串口发送程序，需要将消费者循环替换为定时循环再进行测试方可。

15.4 小 结

由于 VISA 函数还可以为 GPIB、USB、PXI、VXI 以及以太网中各类通信使用，本章提供的示例除了可以用来作为高性能的串口通信示例外，用户还可以通过少量的函数修改就可以达到一定的通用性。